高职高专实验实训"十二五"规划教材

Pro/Engineer Wildfire 4.0（中文版）
钣金设计与焊接设计教程
实训指导

主编　王新江

北　京

冶 金 工 业 出 版 社

2015

内 容 提 要

本书以 Pro/Engineer Wildfire 4.0 中文版软件为平台，选用较典型的电脑中的光驱支架钣金件、螺旋送料装置焊接组件、多级除尘器焊接组件为实例，侧重对学生进行钣金设计和焊接设计应用能力的训练。书中内容全面实用、条理清晰、讲解详细、图文并茂，有助于读者在较短时间内学会运用 Pro/E 进行钣金设计和焊接设计，解决生产中的实际应用问题。

本书可作为大、中专院校焊接专业以及焊接、钣金培训用实训教材，也可作为钣金设计和焊接设计从业人员的实训参考书。

图书在版编目（CIP）数据

Pro/Engineer Wildfire 4.0（中文版）钣金设计与焊接设计教程实训指导/王新江主编. —北京：冶金工业出版社，2015.1
ISBN 978-7-5024-6769-2

Ⅰ.①P… Ⅱ.①王… Ⅲ.①钣金工—计算机辅助设计—应用软件—教材 ②焊接—计算机辅助设计—应用软件—教材 Ⅳ.①TG382-39 ②TG409

中国版本图书馆 CIP 数据核字（2014）第 248499 号

出 版 人 谭学余
地 址 北京市东城区嵩祝院北巷 39 号 邮编 100009 电话 （010）64027926
网 址 www.cnmip.com.cn 电子信箱 yjcbs@cnmip.com.cn
责任编辑 俞跃春 陈慰萍 美术编辑 杨 帆 版式设计 葛新霞
责任校对 石 静 责任印制 牛晓波
ISBN 978-7-5024-6769-2
冶金工业出版社出版发行；各地新华书店经销；三河市双峰印刷装订有限公司印刷
2015 年 1 月第 1 版，2015 年 1 月第 1 次印刷
169mm×239mm；6.5 印张；121 千字；94 页
25.00 元
冶金工业出版社 投稿电话 （010）64027932 投稿信箱 tougao@cnmip.com.cn
冶金工业出版社营销中心 电话 （010）64044283 传真 （010）64027893
冶金书店 地址 北京市东四西大街 46 号（100010） 电话 （010）65289081（兼传真）
冶金工业出版社天猫旗舰店 yjgy.tmall.com
（本书如有印装质量问题，本社营销中心负责退换）

前　言

本书是运用三维软件进行钣金设计、焊接设计的实训指导用书，与冶金工业出版社出版的《Pro/Engineer Wildfire 4.0（中文版）钣金设计与焊接设计基础教程》教材配套。

书中各实训的指导步骤及方法均以 Pro/Engineer Wildfire 4.0 软件为操作平台进行讲解。各实训要在完成相关三维设计软件的基本操作、钣金设计、焊接设计知识的学习以及完成一定课时的操作训练的基础上进行，这样才能达到实训目的。

本书分 7 个实训展开，各实训安排 5~20 的参考学时。从实训 4 到实训 7，实训内容之间有一定的关联，即前一实训内容不完成，后面的将无法正常进行，所以在实训指导过程中，要把握好学生实训的进度。各实训参考学时的给出和分配，考虑到部分高职学生的接受能力和独立应用能力的情况，因此偏大给出实训课时，这样既可以保证不同层次学生在规定的课时内能够完成实训操作及实训报告书写，又可以实现分层次指导实训，使不同层次的学生都有信心完成实训任务。例如实训 3，对于基础较好的学生可以要求直接在装配环境中完成所有钣金件的设计，而对于基础较差的学生，可允许其根据本实训及其后面给出的所有零部件图完成零件设计后，再单独完成装配设计。又如实训 4，除尘器的二级脱水器、旋流体设计不单独安排时间（实训 5 也采用相同的指导思想安排），一、二级脱水器和旋流体结构大同小异，所以，实训中可以采取分组方式，由不同组完成其中的一个装配体的钣金件设计，在总体装配时，相互共用设计成果，这样也可培养学生的协作设计能力。

各院校在制定具体实训的内容范围及课时时，应根据本院校的专业教学计划和学生的实际水平以及接受能力做适当调整。一般情况下，前 3 个实训应作为必须完成的实训内容；其余的实训可作为能力提高的综合训练内容。

实训结束时，必须写出合格的实训报告，通过答辩考核实训才能合格。

本书中所有数据中，没有特别说明时，长度均默认为采用法定计量单位；角度均默认为采用"（°）"（度）。

本书由辽宁机电职业技术学院王新江编写。其中实训 1 的选材，是由本人采用家用电脑中光驱支架实物经测绘、建模整理而成；其余实训的选材，选自辽宁机电职业技术学院闫希忠教授为企业服务的具体设备或其中的一部分经编辑而成。在此感谢闫教授的支持和实践指导。

尽管编者付出了很大努力，但由于编者的水平和经验所限，书中的错误和不足之处在所难免，希望读者不吝指教，编者在此表示感谢。

编　者

2014 年 9 月

目 录

实训 1　光驱支架钣金件设计

实训参考学时数　12 学时。

实训目标

（1）对实物进行观察和测量，获得数据后再进行该钣金件的设计，以提高学生的专业技能综合应用能力。

（2）通过光驱支架钣金件设计训练，进一步学习掌握表阵列、成型特征技巧的应用。

实训内容

（1）认真观察图 1-1 所示的三维模型，详细阅读提示的操作步骤。

（2）参照实训步骤练习，学习设计支架钣金件。

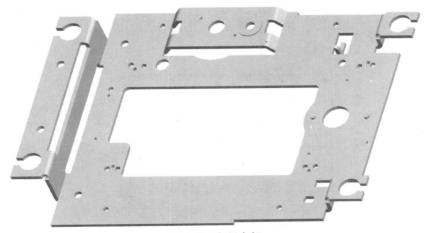

图 1-1　光驱支架

实训要求

（1）直接参照本实训和实训 2 提供的参数进行练习。另外，也可以在理解设计的基础上，提出自己的设计思路和操作步骤，不一定要完全按照实际提示步骤操作。最终以符合原模型设计要求为原则。

（2）完成支架钣金件设计，并进行平整状态设计（具体方法可自定），为生成钣金件工程图做好准备。

（3）注意正确理解表 1-1 中选项"Smt＿allow＿flip＿sketch"的实际应用意义。

表 1-1　钣金设计环境参数

选　项	值	说　　明
Smt＿allow＿flip＿sketch	no/yes	yes 表示允许在平坦壁和凸缘壁工具中反向草绘；no 表示禁止反向，Pro/Engineer Wildfire 4.0 中缺省值为 no

步骤及方法

（1）创建钣金文件。

1）设置工作目录为 D：\ 光驱支架。

2）新建钣金实体文件，命名为"班号-学号-gqzj. prt"。

● 注意：每个实训的学生，输入自己的班号、学号，完成文件命名，以后不再重复说明。

（2）设计支架模型。

1）以水平面为草绘平面，创建第一钣金壁，如图 1-2 所示。

2）以左边为链接边，创建连续折弯，如图 1-3 所示。折弯效果如图 1-3(c)所示，内侧半径为 0。

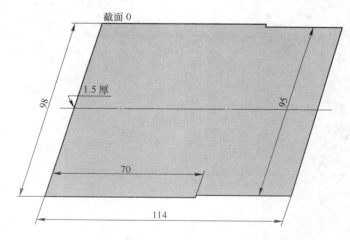

图 1-2　第一钣金壁

3）用钣金切割，在右前方创建止裂槽，如图 1-4 所示。

4）用钣金切割，在右后方创建切口，如图 1-5 所示。

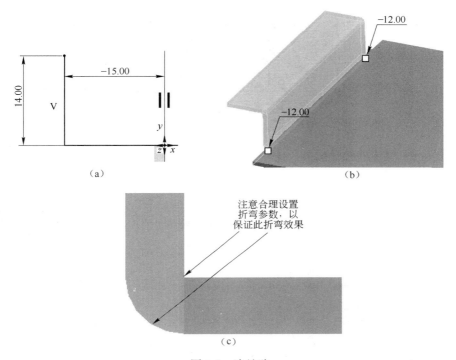

图 1-3　法兰壁

（a）弯边尺寸；（b）弯边长度；（c）折弯角效果

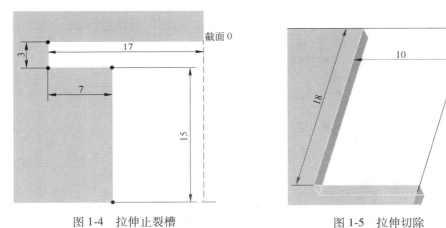

图 1-4　拉伸止裂槽　　　　　　　图 1-5　拉伸切除

5）在右前侧切槽处，创建如图 1-6 所示的连续折弯（折弯效果与图 1-3c 所示一样，内侧半径为 0），方法不限。

6）同理，在后侧切槽处，生成另一连接弯曲，如图 1-7 所示（注意：两侧应处于对称位置，具体尺寸自己换算）。

7）展平钣金件，以方便切割止裂槽，如图 1-8 所示。

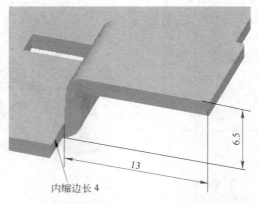

图 1-6　创建法兰壁

图 1-7　第二个法兰壁

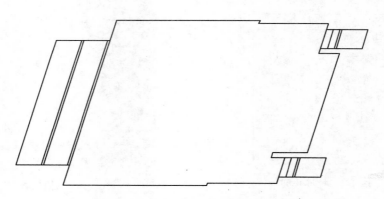

图 1-8　展开特征

8）切割生成 6 个 $R1$ 的止裂槽，如图 1-9 所示。注意观察半圆槽圆心的位置。

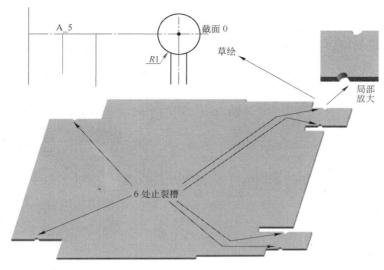

图 1-9　创建 6 个止裂槽

9）在内部切槽，如图 1-10 所示。切槽后创建 8 个竖棱的过渡圆角 R2，也可草绘时给出所有的 R2。

10）两次拉伸切槽，如图 1-11 所示。

11）钻 M2.6×0.45 的螺纹孔，如图 1-12 所示。

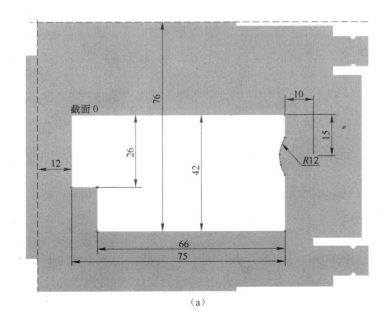

（a）

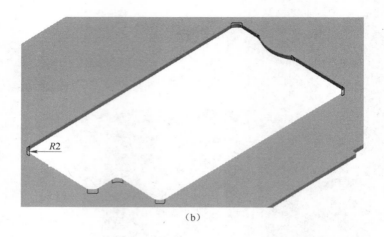

（b）

图 1-10　切槽

（a）切割草绘尺寸；（b）过渡圆角

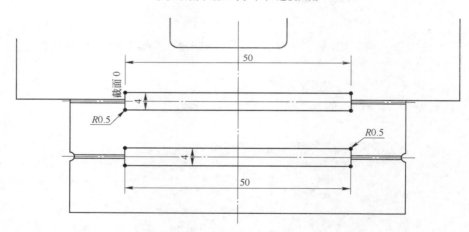

图 1-11　两次切槽（两个槽都中心对称定位）

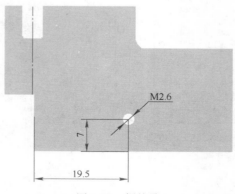

图 1-12　螺纹孔

12）参照图 1-12 所示，依次选取 2.6、2.1、19.5 和 7 作为阵列的表尺寸（2.1 是 M2.6 的底孔尺寸，表陈列时会显示出来）。运用表阵列，生成其余 14 个螺纹孔，阵列表如图 1-13 所示，孔分布效果如图 1-14 所示。

13）创建 φ10 孔，与图 1-10 中圆弧 R12 同轴定位，如图 1-15 所示。

表名 TABLE1.

	M d97(2.600)	底径 d100(2.100)	定位 1 d96(19.50)	定位 2 d95(7.00)
1	*	*	*	92.00
2	*	*	86.00	*
3	*	*	86.00	92.00
4	*	*	15.00	26.00
5	*	*	95.00	26.00
6	*	*	12.00	74.00
7	*	*	105.00	73.00
8	1.400	1.100	7.00	40.00
9	1.400	1.100	7.00	60.00
10	1.400	1.100	91.00	32.00
11	1.400	1.100	112.00	37.00
12	1.400	1.100	97.00	66.00
13	1.400	1.100	35.00	93.00
14	1.400	1.100	50.00	85.00

图 1-13　阵列表 1

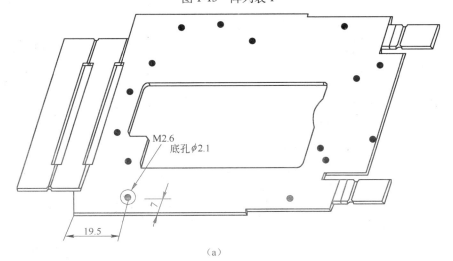

（a）

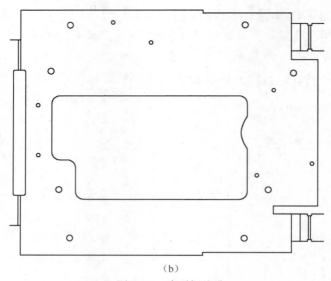

（b）

图 1-14　阵列螺纹孔

（a）阵列预览中；（b）阵列后

14）创建 $\phi 5$ 孔，采用线性定位，定位基准与图 1-12 中 M2.6 的相同，效果如图 1-16 所示。

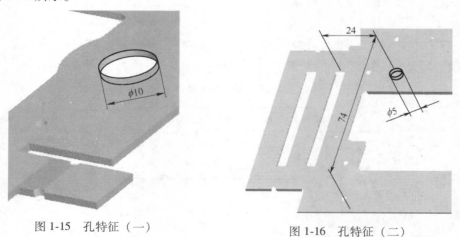

图 1-15　孔特征（一）　　　　　　　图 1-16　孔特征（二）

15）在图 1-16 中依次选取 5、24、74 为表尺寸，运用表阵列，生成其余 10 个光孔，阵列表如图 1-17 所示。孔分布效果如图 1-18 所示。

●注意：在此必须用"孔特征"，这样在后续的孔图表中才能显示出阵列表中的孔参数。

16）切割产生 4 个定位槽。图 1-19 所示为切割了左右各一个槽的情况，其余两个槽可同理生成，也可采用镜像方式生成。

表名 TABLE1.

	直径 d377(5.00)	定位 1 d379 (24.00)	定位 2 d380 (74.00)
1	*	93.00	74.00
2	3.00	7.00	14.00
3	3.00	7.00	84.00
4	3.00	−20.00	34.00
5	3.00	−20.00	64.00
6	2.00	7.00	63.00
7	1.50	14.00	72.70
8	1.50	17.00	27.50
9	1.50	103.00	74.50
10	1.50	93.00	24.50

图 1-17　阵列表 2

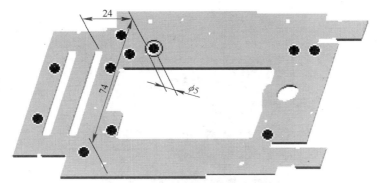

图 1-18　阵列光孔

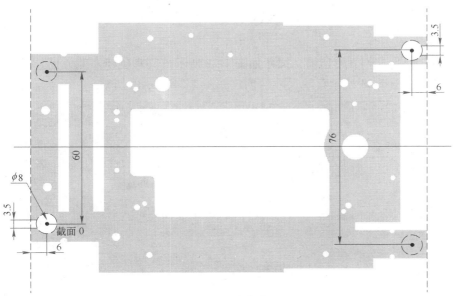

图 1-19　定位槽

17）切槽，如图 1-20 所示。

18）打孔 $\phi6$，与 $R13$ 同轴定位，如图 1-21 所示。

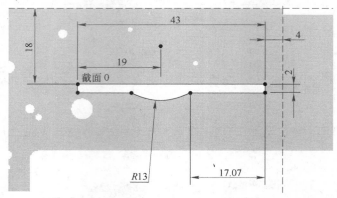

图 1-20 切槽

图 1-21 孔特征

19）创建右侧方形切槽，尺寸如图 1-22 所示。同理创建左侧方槽。

20）按图 1-23 所示草绘尺寸，创建如图 1-24 所示的切槽。

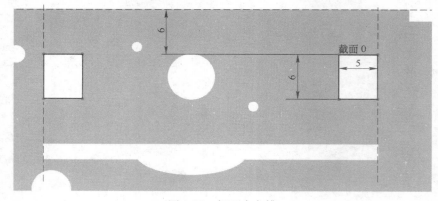

图 1-22 切两个方槽

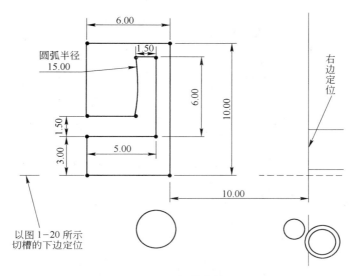

图 1-23   切槽草绘

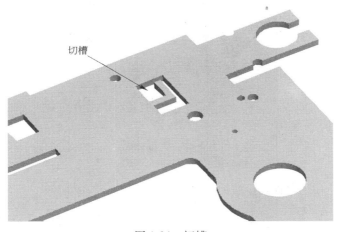

图 1-24   切槽

21）创建折弯特征，内侧折弯半径 $R0$，如图 1-25 所示。

22）创建孔 $\phi3.5$，采用"径向"定位，角度取 0°，以使两孔中心连线平行于棱边，如图 1-26 所示。

23）创建冲模零件文件，命名为"班号-学号-gqzj-mold-01. prt"，冲模零件如图 1-27 所示。下面基础平板尺寸 51×20×2；最后倒圆角（根部 $R1.5$、端部 $R0.5$）。

24）创建成型特征。单击菜单【插入】→【形状】→【成型】→默认如图 1-28 所示的【选项】菜单→单击【完成】。其余步骤参照图 1-29~图 1-33 所示操作。

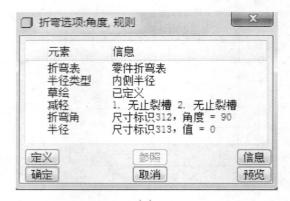

（a）

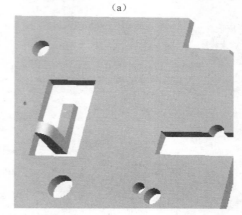

（b）

图 1-25   折弯特征

（a）折弯选项对话框；（b）折弯

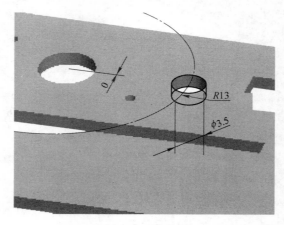

图 1-26   孔特征

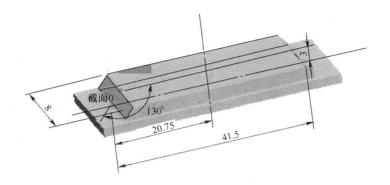

图 1-27　成型模板

图 1-28　【选项】菜单　　　　　　　　图 1-29　【模板】对话框

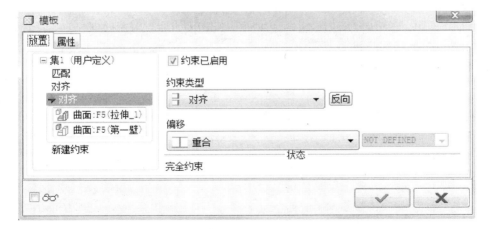

图 1-30　成型放置模板对话框

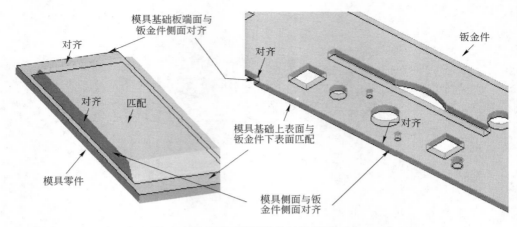

图 1-31　装配操作过程提示

图 1-32　定义边界平面和种子曲面

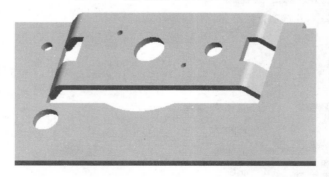

图 1-33　成型特征 1

25）创建模具 2，命名为"班号-学号-gqzj-mold-02. prt"，模具如图 1-34（a）所示，尺寸为 φ6×0.5。

26）创建成型特征 2。单击菜单【插入】→【形状】→【成型】→在如图 1-28 所示的【选项】菜单中点选【冲孔】→单击【完成】。其余步骤按"冲孔"成型方法操作，结果如图 1-34（b）、（c）所示。

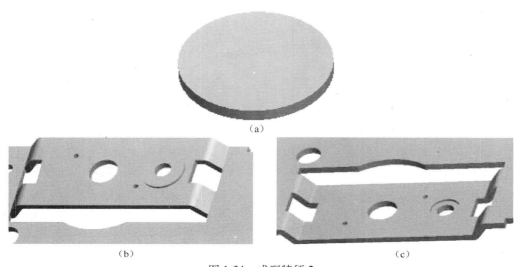

（a）

（b）　　　　　　　　　　　　　　　　　　　（c）

图 1-34　成型特征 2

（a）成型模板；（b）成型后正面效果；（c）成型后反面效果

27）创建成型特征 3。按图 1-35（a）所示创建名为"班号-学号-gqzj-mold-03. prt"的模具；参照步骤 26），采用冲孔方式创建成型特征，参照图 1-35（b）所示定位模具。成型结果如图 1-35（c）、（d）所示。

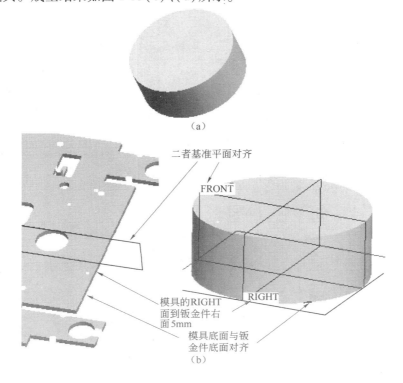

（a）

二者基准平面对齐

FRONT

RIGHT

模具的 RIGHT
面到钣金件右
面 5mm

模具底面与钣
金件底面对齐

（b）

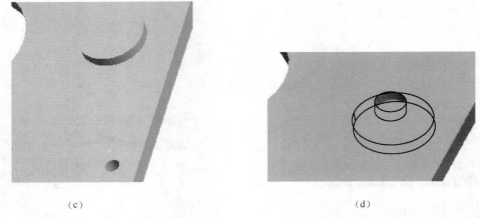

（c）　　　　　　　　　　　　　　　　　　（d）

图 1-35　成型特征 3

（a）成型模具（尺寸为 $\phi2\times0.8$）；（b）定位参考提示；

（c）成型后正面效果；（d）成型后背面效果

28）旋转切割成型特征 3 的凸起部位的外侧，如图 1-36 所示。

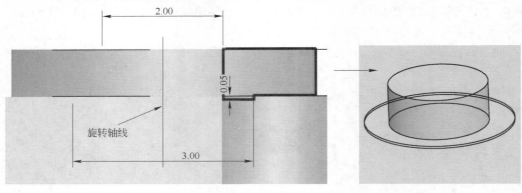

图 1-36　旋转除料

29）将成型特征 3 与旋转特征组成一组，再运用"选择性粘贴"移动 20.5mm 复制生成新的特征，如图 1-37 所示。

图 1-37　特征复制

●注意：在完成选择性粘贴后，出现旋转操作界面，此时编辑草绘，正确替换约束，以保证特征复制成功。

30）切槽，如图 1-38 所示。

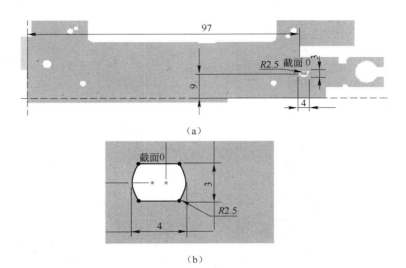

图 1-38　切槽

（a）切槽定位及其尺寸；（b）切槽放大图

31）参照图 1-39 所示顺序，在图 1-38（a）中依次选取 4、3、2.5、9 和 97 为表尺寸，运用表阵列，生成其余 4 个长槽孔。阵列表如图 1-39 所示。长槽孔分布如图 1-40 所示。

表名TABLE1

	长度 d523(4.00)	宽度 d522(3.00)	R d525(2.50)	定位1 d524(9.00)	定位2 d526(97.00)
1	2.00	1.50	0.90	24.50	19.00
2	2.00	1.50	0.90	24.50	91.00
3	2.00	1.50	0.90	71.00	100.00
4	2.00	1.50	0.90	72.50	17.00

图 1-39　阵列表 3

32）所有展开都折弯回去，如图 1-41 所示。

33）将步骤 28）、29）生成的特征的棱边倒圆角 $R0.2$，步骤 9）的切槽特征棱边倒圆角 $R0.3$。

至此，完成光驱支架的钣金设计。

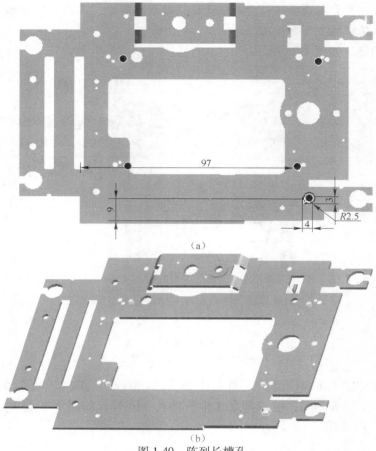

（a）

（b）

图 1-40　阵列长槽孔

（a）阵列预览中；（b）阵列后

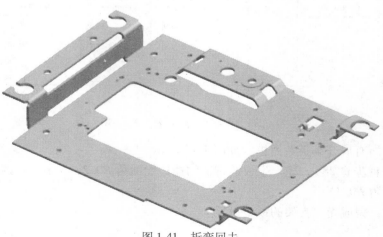

图 1-41　折弯回去

实训 2 生成光驱支架钣金件工程图

实训参考学时数 8 学时。

实训目标

（1）通过创建支架钣金件展平工程图的训练，进一步学习理解"平整状态"与"平整成型"操作的含义，掌握二者应用的场合和目的。

（2）通过钣金件工序图、工序表的创建训练，学会将软件设计与生产实际相结合。

（3）学习掌握在工程图中结合工程实际创建孔图表、折弯表（工序表）及标题栏的操作要领。

实训内容

（1）创建支架钣金件展平工程图。

（2）创建孔图表。

（3）创建支架钣金件工序图、工序表。

实训要求

（1）注意观察"平整状态"与"平整成型"操作顺序的不同，对展平工程图效果的影响。

（2）创建展平工程图之前，要运用"族表"生成钣金件的三维文件及相关联的展平文件。而族表创建分为"自动族表"与"手动族表"，自动族表中又分有"完全平坦"与"全部成型"。这几种方法各有适用场合，且操作步骤也小有差别。针对本例，请认真思考，采用合理的族表生成方法创建展平工程图，并标注所有尺寸，创建图框和标题栏。（建议：实训中可分三组，每组采用一种族表创建方法。）

（3）运用钣金成型工艺基础知识，认真分析研究实际加工中的可行性，尽量合理地确定光驱支架钣金件折弯加工工序，创建折弯表，生成工序图及工序表。

（4）结合实际加工条件，合理确定坐标系（尽量与实训 1 中创建孔特征时所采用的基准统一），创建孔图表。孔图表只能显示出用"孔特征"生成孔的直径和相对于参考坐标系的坐标值，而非运用"孔特征"生成的孔是无法在孔图表中显示参数的。所以，在建立孔图表之前，要认真复查实训 1 中所有圆孔是否是用"孔特征"创建的；如不是，需重做。

步骤及方法

（1）打开三维零件（直接用"实训 1"中创建的文件）。

将工作目录设置到"光驱支架"，之后打开文件"班号-学号-gqzj.prt"。

（2）创建光驱支架钣金件的展平族表。

在此仅介绍其中一种方法（自动族表中的全部成型），读者可以自行分析尝试采用另外两种方法（手动族表法和自动族表中的完全平坦）。

1）创建钣金的平整状态。

【平整状态】命令可自动生成一个既含有三维钣金成型件，又含有二维钣金展开件的族表，方便用户创建钣金工程图的展开视图。创建钣金平整状态的操作如下：

①单击菜单【编辑】→【设置】→在出现的【零件设置】菜单中选取【钣金件】／【钣金件设置】下的【平整形状】→在【平整形状】对话框中选取【创建】。

②默认平整阵列实体名字"班号-学号-GUDINGJIA ＿ FLAT1"→单击 ☑。

③单击【零件状态】菜单中的【全部成型】，此时出现【规则类型】对话框。

④选取光驱支架中的最大平面→单击【规则类型】对话框中的"确定"→单击【平整状态】菜单中的【完成/返回】→【完成/返回】→【完成】，完成平整状态的设置。

此时，特征树的最后一个特征（ ■展平 标识14542），就是刚设置的"平整状态"，它以隐含状态存在。

⑤保存文件。

Ⅰ. 单击菜单【文件】→【保存】→【确定】，接受默认文件名。

Ⅱ. 单击菜单【文件】→【删除】→【旧版本】→ ☑，删除所有的旧版本，保留最后的设计文件内容，节省磁盘空间。

Ⅲ. 单击菜单【文件】→【拭除】→【当前】→【确定】，将该文件从内存中删除。

2）平整钣金的成型特征。

完成平整状态设计后，再在生成的平整实体模型文件（班号-学号-gqzj ＿ FLAT1. PRT）中平整成型特征应保证生成钣金工程图时，只有在钣金件展开图中才能看到平整状态。平整钣金成型特征的操作如下：

①打开平整阵列实体文件：班号-学号-gqzj ＿ FLAT1. PRT。

②单击菜单【插入】→【形状】→【平整成型】，出现如图 2-1 所示的【平整】对话框。

③在【平整】对话框中选择【印贴】→【定义】，出现如图 2-2 所示的【特征参考】菜单和图 2-3 所示的【选取】菜单。

图 2-1　【平整】对话框

图 2-2　【特征参考】菜单

图 2-3　【选取】菜单

④如图 2-4 所示，选取凸模的任何面皆可。此处共有两个凸模，按住 Ctrl 键，同时选取两个凸模→单击【特征参考】菜单的"完成参考"→【平整】对话框（见图 2-5）中的【确定】，效果如图 2-6 所示。

⑤保存文件。

Ⅰ单击菜单【文件】→【保存】→【确定】，接受默认文件名。

Ⅱ单击菜单【文件】→【删除】→【旧版本】→✓，删除所有的旧版本，保留最后的设计文件内容。

Ⅲ单击菜单【文件】→【拭除】→【当前】→【确定】，将该文件从内存中删除。

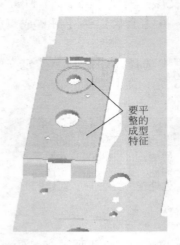

图 2-4　选取两个凸模部分的面

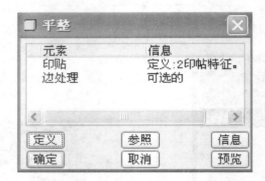

图 2-5　【平整】对话框中显示选取结果

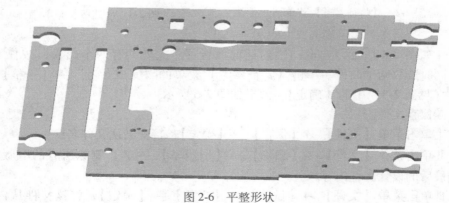

图 2-6　平整形状

操作思考：成型特征3是否也可以直接运用"平整成型"特征将其展开？分析可能的影响因素。

（3）创建展平工程图。

1）创建工程图文件，命名为"班号-学号-gqzj-zp. drw"，合理选择图纸大小。

2）设置工程图环境参数。单击菜单【文件】→【属性】，出现【文件属性】菜单，如图2-7所示→【绘图选项】→在出现的【选项】对话框中设置创建钣金件工程图所需要的有关参数。

图2-7　【文件属性】菜单

● 注意：参照附表2-1的提示设置有关参数。每设置一个参数，必须单击按钮 添加/更改，或回车一次。完成所有参数设置后，单击按钮 应用（也可保存设置）→ 关闭。

3）导入模型。单击菜单【文件】→【属性】，出现【文件属性】菜单，如图2-8所示→【绘图模型】→【添加模型】→从出现的【打开】对话框中选取模型文件"班号-学号-gqzj. prt"→【打开】→出现如图2-9所示的【选取实例】对话框→默认【普通模型】→【打开】→【完成/返回】，完成模型导入操作。

● 注意：模型的导入方法还有其他方式。例如，可以在添加第一个视图时，从出现的【选取实例】对话框中选择【普通模型】；也可以在创建工程图文件前打开模型文件，从出现的【选取实例】对话框中选择【普通模型】。

4）添加视图。

①按图2-10所示，添加主、俯、左视图和轴测图，并合理设置视图的显示属性。

②根据零件结构表达的需要，适当增加其他视图或剖视。

③添加钣金件的展平视图。单击菜单【文件】→【属性】，出现【文件属性】菜单，如图2-8所示→【绘图模型】→【添加模型】→从出现的【打开】

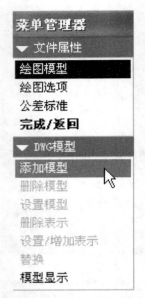

图 2-8 【文件属性】和【DWG 模型】菜单

图 2-9 【选取实例】对话框

对话框中选取模型文件"班号-学号-gqzj. prt"→【打开】→出现如图 2-9 所示的
【选取实例】对话框→选择"班号-学号-gqzj _ FLAT1"→【打开】→【完成/返
回】,完成展平模型的导入操作。

　　④添加展平模型的视图。单击菜单【插入】→【绘图视图】→【一般】→
在绘图区适当位置点击鼠标左键,放置视图→修改视图的属性,结果如图 2-10
(e)所示。完整的展平工程图参照后面的图 2-23 所示。

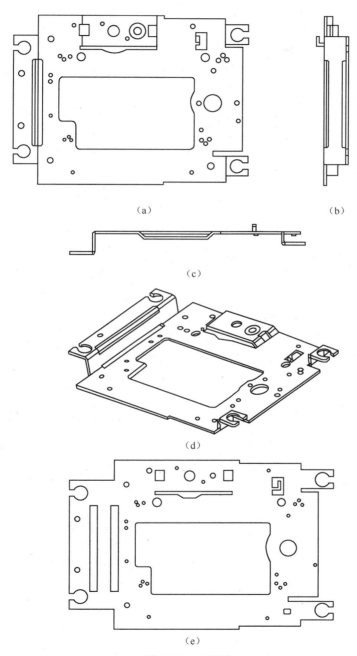

（a）　　　　　　　　　　　　　　　　　　（b）

（c）

（d）

（e）

图 2-10　工程图

（a）主视图；（b）左视图；（c）俯视图；（d）轴测图；（e）展平图

（4）创建孔图表。

该钣金件上有较多分布规律性不强的孔，其中有不同直径的光孔，也有螺纹孔。若在视图上直接标注这些孔的定型和定位尺寸，会使视图很杂乱，所以将这些孔以列表形式表示，既简化视图表达，也方便加工操作。

要创建孔图表，必须事先在模型文件中创建必要的坐标系（在此假设已经创建了孔表所需的坐标系）。

另外，孔较多，为使视图表达简洁，在此增加视图页面，将展平图的孔表图单独放置在一个视图页面中。

1）添加新视图页面。单击菜单【插入】→【页面】，视图页面自动由第 1 页面切换到第 2 页面。

2）添加展平视图，设置视图属性。

3）创建孔图表。

①单击菜单【工具】→【孔表】→出现如图 2-11 所示的【孔表】菜单→单击【设置】→出现如图 2-12 所示的【列表设置】菜单，依此菜单所列选项，设置孔表中"小数位数"为 1、"标签大小"为 3.5、"孔命名"为 字母数字 ，其余设置采用默认。

②单击【孔表】中【创建】→在如图 2-13 所示的【列表类型】菜单中选择【孔】→出现【选取】菜单，在绘图区选择坐标系→再在绘图区适当位置单击左键，放置创建的孔图表（见图 2-14）→【完成】。可以调整列宽、行高到适当大小。

图 2-11　【孔表】菜单

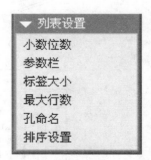

图 2-12　【列表设置】菜单

图 2-13　【列表类型】菜单

孔编号	孔位置坐标值		孔直径
	X	Y	ϕ
A1	14.0	72.0	1.5
A2	17.0	27.0	1.5
A3	93.0	24.0	1.5
A4	103.0	74.0	1.5
B1	7.0	63.0	2.0
C1	−20.0	34.0	3.0
C2	−20.0	64.0	3.0
C3	7.0	14.0	3.0
C4	7.0	84.0	3.0
C5	93.0	74.0	3.0
D1	55.0	89.0	3.5
E1	24.0	74.0	5.0
F1	42.0	89.0	6.0
G1	97.0	49.0	10.0
H1	7.0	40.0	M2.6×0.45 ISO
H2	7.0	60.0	M2.6×0.45 ISO
H3	12.0	74.0	M2.6×0.45 ISO
H4	15.0	26.0	M2.6×0.45 ISO
H5	19.5	7.0	M2.6×0.45 ISO
H6	19.5	92.0	M2.6×0.45 ISO
H7	35.0	93.0	M2.6×0.45 ISO
H8	50.0	85.0	M2.6×0.45 ISO
H9	86.0	7.0	M2.6×0.45 ISO
H10	86.0	92.0	M2.6×0.45 ISO
H11	91.0	32.0	M2.6×0.45 ISO
H12	95.0	26.0	M2.6×0.45 ISO
H13	97.0	66.0	M2.6×0.45 ISO
H14	105.0	73.0	M2.6×0.45 ISO
H15	112.0	37.0	M2.6×0.45 ISO

图 2-14　孔图表

孔编号（即标签）默认按孔径大小从小到大排列，同一孔径的孔，标签字母相同。

　　③在视图上，将所有标签移动到适当位置，也可以编辑标签的其他属性，如图 2-15 所示。在创建孔图表之前，要先在钣金模型文件中以钣金零件上的指定位置作为坐标原点（此例选"左下角"），创建生成孔图表的参照坐标系。

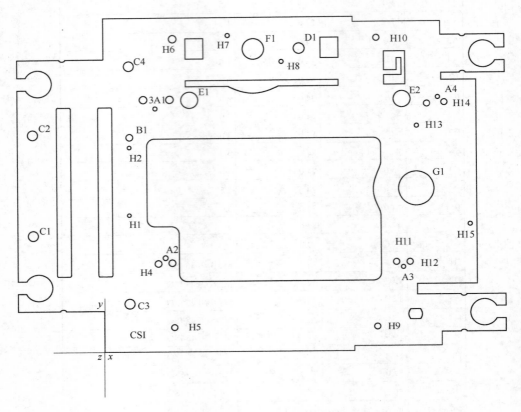

图 2-15　用孔名标签表达各孔

　　完整的孔图表工程图参照图 2-24 所示。

　　说明：

　　1）页面间切换。单击菜单【视图】→【转到页面】，出现【转至页面】对话框，如图 2-16 所示→在文本框输入页面号→单击 转到 ，或直接单击 ＜前一页 或 下一页 ＞ ，在各页面间切换。

　　也可直接单击【切换绘图页面】工具栏中的列表 1 来切换页面。

　　2）改变当前页面的前后顺序。单击菜单【编辑】→【移动页面】，出现如图 2-17 所示的【移动页面】对话框→在对话框中选择要将当前页面移动到的位置。

图 2-16　【转至页面】对话框

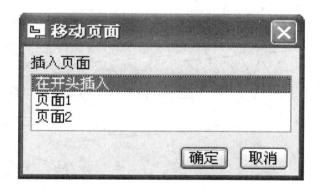

图 2-17　【移动页面】对话框

3）删除页面。单击菜单【编辑】→【移除】→【页面】→在信息栏出现的文本框中输入要移除的页面编号→单击 ☑，就删除指定页面。

4）更新视图的操作命令如图 2-18 所示。

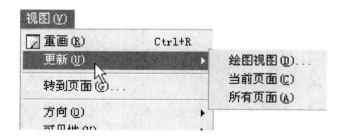

图 2-18　【更新】命令选项

（5）创建工序图、工序表。

1）打开三维钣金零件文件：班号-学号-gqzj. prt。

2）创建折弯顺序表。单击菜单【编辑】→【设置】→【钣金件设置】→【折弯顺序】→【显示/编辑】。

①定义第一次折弯。选取钣金展平的固定面，如图 2-19 所示，钣金展开后如图 2-20 所示→选取折弯区①、④、⑦→【确定】。

②定义第二次折弯。单击【下一次】→选取图 2-19 所示固定面→选取图 2-20所示的折弯区②、③、⑥→【确定】。

③定义第三次折弯。单击【下一次】→选取图 2-19 所示固定面→选取图 2-20所示的折弯区⑤→【确定】

④定义第四次折弯。单击【下一次】→选取图 2-19 所示固定面→选取图 2-20所示的折弯区⑤→【确定】。

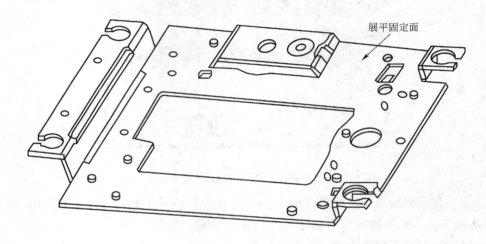

图 2-19　选取钣金顶面

3）创建工序图。

①在钣金展平图文件中，再插入新的页面 3。

②单击【绘制】工具栏中【设置当前绘图模型】按钮 的下拉箭头，从中选取模型文件：班号-学号-gqzj. prt。

③插入一般视图，修改其属性。

④创建工序表。单击菜单【视图】→【显示及拭除】（或单击图标 按钮），弹出【显示/拭除】对话框→在【显示】选项卡上的【类型】中选择"注释"图标 ABCD 按钮→在【显示方式】中单击 显示全部 按钮→在出现的【确认】对话框中单击【是】按钮，即在视图中显示出折弯注释，同时在图纸的左

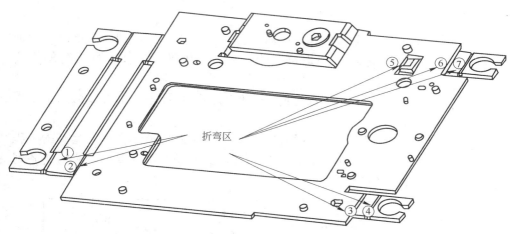

图 2-20   折弯区

上角产生折弯顺序表, 即工序表, 编辑调整后, 效果如图 2-21 所示 (详细的工序图如图 2-25 所示)。

折弯序列	#折弯	折弯#	折弯方向	折弯角度	折弯半径	折弯长度
1	3	1	OUT	90.000	3.000	3.106
		2	OUT	90.000	3.000	3.106
		3	OUT	90.000	3.000	3.106
2	3	1	IN	90.000	1.500	3.106
		2	IN	90.000	1.500	3.106
		3	IN	90.000	1.500	3.106
3	1	1	OUT	90.000	2.000	1.535

图 2-21   工序表及工序图

特别提示

（1）本实训折弯顺序，仅作为一种方法介绍，不一定合理，同学们在实训中，尽量结合钣金折弯理论知识及实践常识，分析确定更加合理可行的折弯顺序。

（2）本实训将所有工程图放有同一文件的不同页面中。也可以为三个工程图分别创建三个文件。

（3）本实训中所用标题栏的样式以及尺寸如图 2-22 所示。如果是装配工程图，就将图 2-22 中的"材料"栏改为"重量"栏，明细栏高度也取"8"，各列宽度根据具体情况临时确定。

图 2-22　标题栏样式及制表参数

（4）本实训最终完成的工程图效果，如图 2-23～图 2-25 所示。

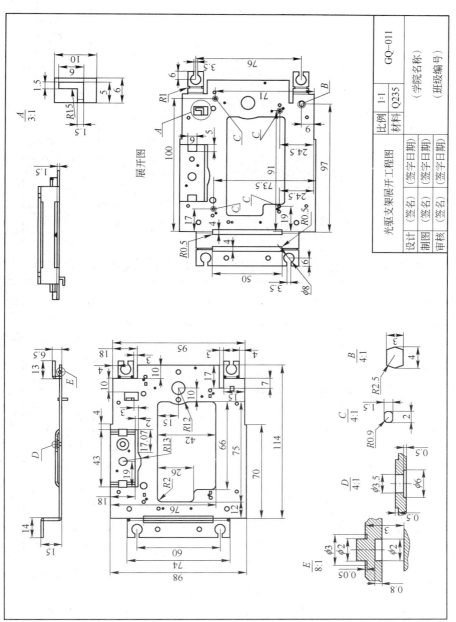

图 2-23　钣金展开工程图

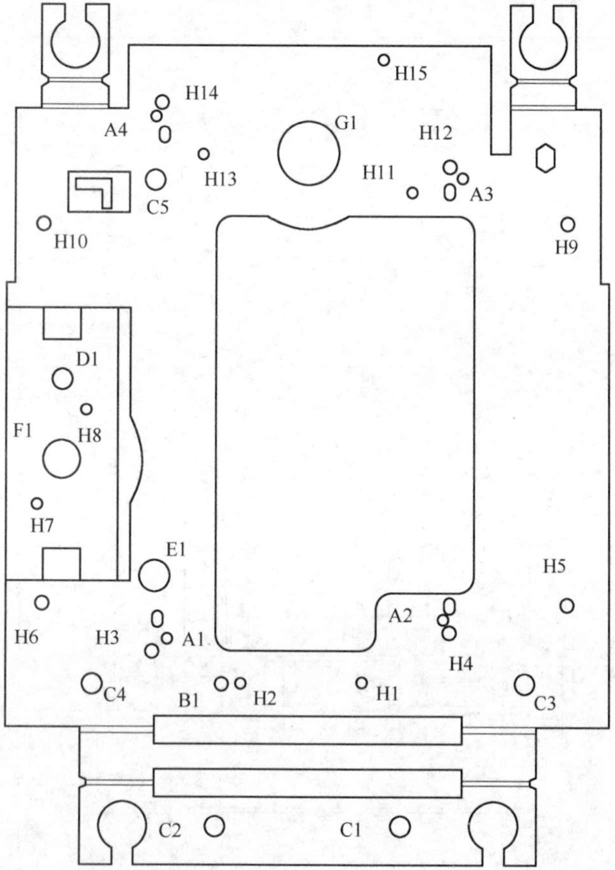

孔 图 表

孔编号	孔位置坐标值		孔直径 φ	备注
	X	Y		
A1	14.0	72.0	1.5	
A2	17.0	27.0	1.5	
A3	93.0	24.0	1.5	
A4	103.0	74.0	1.5	
B1	7.0	63.0	2.0	
C1	−20.0	34.0	3.0	
C2	−20.0	64.0	3.0	
C3	7.0	14.0	3.0	
C4	7.0	84.0	3.0	
C5	93.0	74.0	3.0	
D1	55.0	89.0	3.5	
E1	24.0	74.0	5.0	
F1	42.0	89.0	6.0	
G1	97.0	49.0	10.0	
H1	7.0	40.0	M2.6×0.45 ISO	
H2	7.0	60.0	M2.6×0.45 ISO	
H3	12.0	74.0	M2.6×0.45 ISO	
H4	15.0	26.0	M2.6×0.45 ISO	
H5	19.5	7.0	M2.6×0.45 ISO	
H6	19.5	92.0	M2.6×0.45 ISO	
H7	35.0	93.0	M2.6×0.45 ISO	
H8	50.0	85.0	M2.6×0.45 ISO	
H9	86.0	7.0	M2.6×0.45 ISO	
H10	86.0	92.0	M2.6×0.45 ISO	
H11	91.0	32.0	M2.6×0.45 ISO	
H12	95.0	26.0	M2.6×0.45 ISO	
H13	97.0	66.0	M2.6×0.45 ISO	
H14	105.0	73.0	M2.6×0.45 ISO	
H15	112.0	37.0	M2.6×0.45 ISO	

光驱支架孔图表

设计	(签名)	(签字日期)	比例	1:1	GQ-012
制图	(签名)	(签字日期)	材料	Q235	
审核	(签名)	(签字日期)	(学院名称) (班级编号)		

图 2-24 孔图表工程图

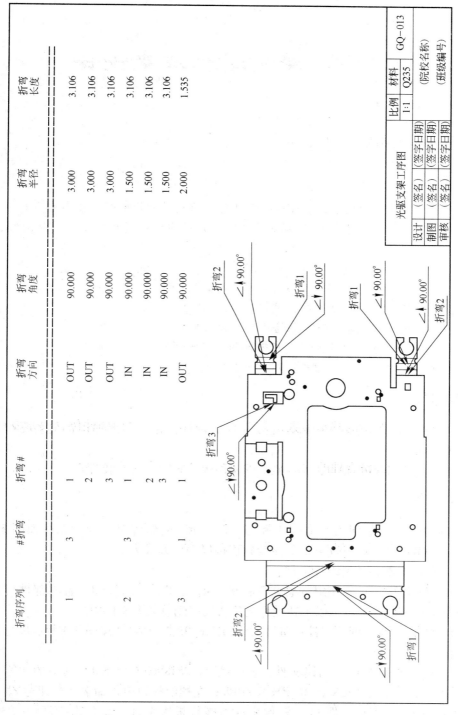

折弯序列	#折弯	折弯 #	折弯方向	折弯角度	折弯半径	折弯长度
1	3	1	OUT	90.000	3.000	3.106
		2	OUT	90.000	3.000	3.106
		3	OUT	90.000	3.000	3.106
2	3	1	IN	90.000	1.500	3.106
		2	IN	90.000	1.500	3.106
		3	IN	90.000	1.500	3.106
3	1	1	OUT	90.000	2.000	1.535

光驱支架工序图			
设计	（签名）	（签字日期）	
制图	（签名）	（签字日期）	
审核	（签名）	（签字日期）	
比例	材料		GQ-013
1:1	Q235		
	（院校名称）		
	（班级编号）		

图 2-25　钣金折弯工序工程图

实训 3　螺旋送料装置设计

实训参考学时数　20 学时。

实训目标

（1）通过本项目的训练，学会运用钣金三维设计知识解决工程实际问题。

（2）学会运用已学知识，解决螺旋送料装置的焊接设计问题，并生成焊接工程图。

实训内容

（1）完成送料螺旋轴的结构设计。

（2）完成送料装置壳体的钣金设计与焊接设计。

（3）完成工程图的设计（包括零件图、装配图）。

（4）完成焊接工程图的设计。

实训要求

（1）根据给出的基本参数，完成装置的设计，相关零部件位置关系要符合设计要求。

（2）选择经济合理的、保证质量的实用焊接方案焊接本装置。

步骤及方法

该螺旋送料装置模型如图 3-1 和图 3-2 所示。壳体焊接二维示意图如图 3-3 所示。壳体板材厚一般为 4mm。该装置连接以焊接方式为主。

（1）创建螺旋送料组件文件。

设置工作目录，创建组件总文件：班号-学号-PSJK-03. ASM，各零部件可以在装配文件中设计，也可以单独设计之后再装配到总装配文件中。

1）设计法兰。创建文件：班号-学号-PSJK-03-01. PRT。按图 3-4 所示尺寸设计零件。

2）设计螺旋组件。创建文件：班号-学号-PSJK-03-02. ASM。其中的轴零件命名为：班号-学号-PSJK-03-02-ZHOU. PRT；左螺旋板钣金件命名为：班号-学号-PSJK-03-02-L. PRT，螺距 60；镜像生成右螺旋板钣金件，命名为：班号-学号-

PSJK-03-02-R. PRT。有关尺寸如图 3-5 所示。

　　3）设计机壳组件。创建文件命名为：班号-学号-PSJK-03-03. ASM。按图 3-6 所示尺寸在装配环境中完成机壳组件及其所有零件的设计。

　　● 提示：对于基础较差的同学，如果不能采用在装配环境中设计机壳组件，允许参照图 3-7~ 图 3-13 设计出各零件模型后，再装配到一起。

　　4）设计送料装置总组件，参照图 3-2 所示，生成装配 BOM 表。

　　（2）完成机壳组件的焊接设计，参照图 3-3 所示，生成焊接 BOM 表。

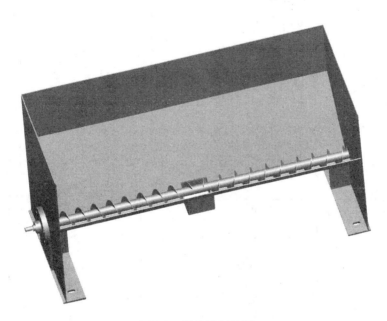

图 3-1　螺旋送料装置

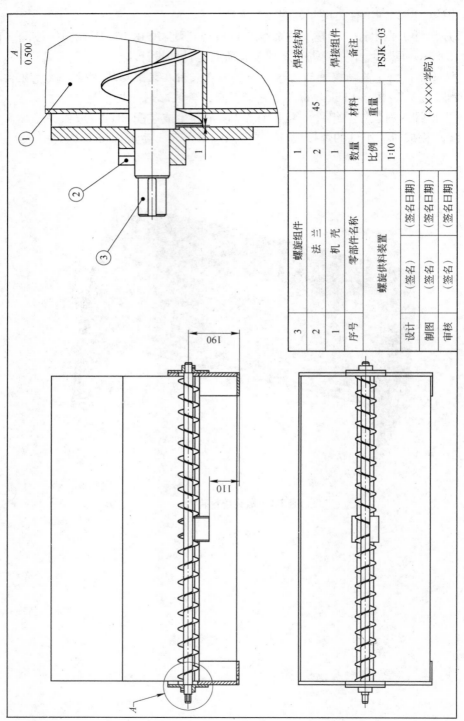

图 3-2　螺旋送料装置二维图

序号	零部件名称	数量	材料	备注
3	螺旋组件	1		焊接结构
2	法 兰	2	45	焊接组件
1	机 壳	1		

螺旋供料装置			比例	PSJK-03
			1:10	
设计	（签名）	（签名日期）		
制图	（签名）	（签名日期）	（××××学院）	
审核	（签名）	（签名日期）		

$\dfrac{A}{0.500}$

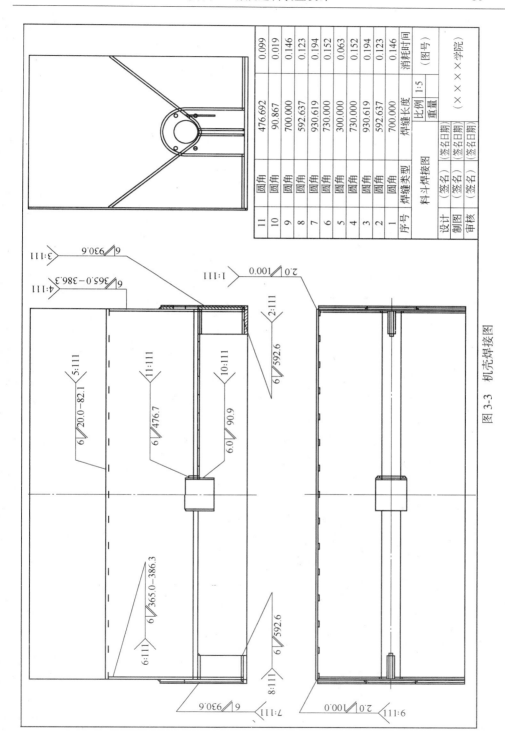

序号	焊缝类型	焊缝长度	消耗时间
11	圆角	476.692	0.099
10	圆角	90.867	0.019
9	圆角	700.000	0.146
8	圆角	592.637	0.123
7	圆角	930.619	0.194
6	圆角	730.000	0.152
5	圆角	300.000	0.063
4	圆角	730.000	0.152
3	圆角	930.619	0.194
2	圆角	592.637	0.123
1	圆角	700.000	0.146

料斗焊接图

		比例	1:5	(图号)
		重量		(×××学院)
设计	(签名)	(签名日期)		
制图	(签名)	(签名日期)		
审核	(签名)	(签名日期)		

图 3-3　机壳焊接图

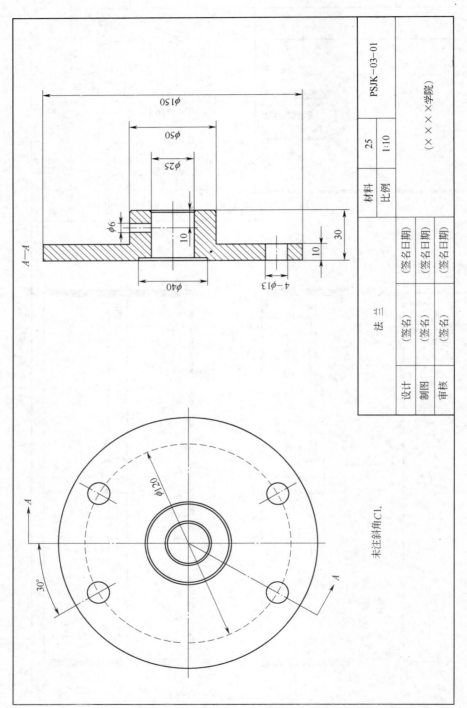

未注斜角C1。

图 3-4　法兰

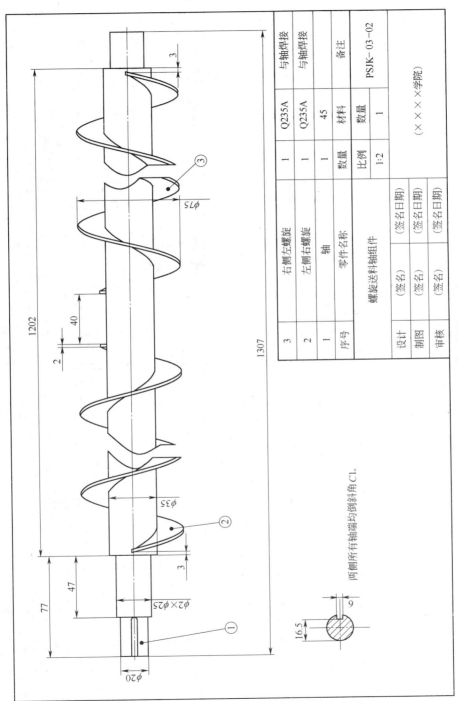

图 3-5　螺旋（螺距 60mm）

两侧所有轴端均倒斜角 C1。

3	右侧左螺旋	1	Q235A	与轴焊接
2	左侧右螺旋	1	Q235A	与轴焊接
1	轴	1	45	
序号	零件名称	数量	材料	备注
	螺旋送料轴组件	比例	数量	PSJK-03-02
		1:2	1	
设计	(签名)	(签名日期)		(×××学院)
制图	(签名)	(签名日期)		
审核	(签名)	(签名日期)		

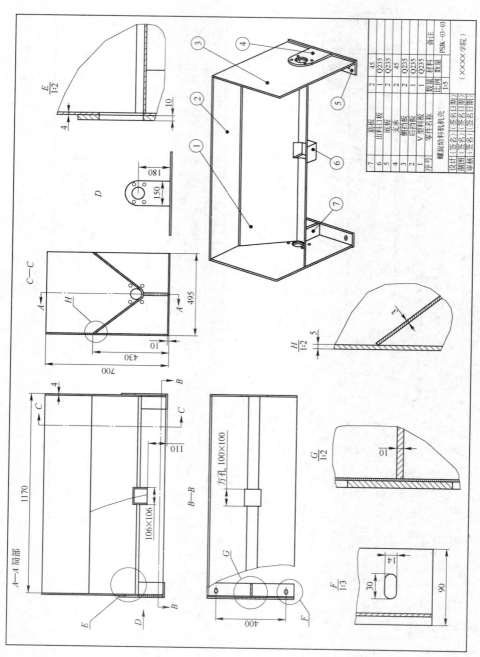

图 3-6　机壳组件

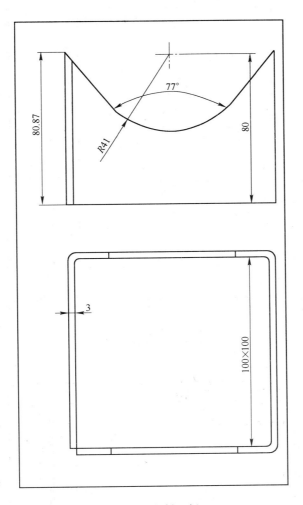

图 3-7　出料口板

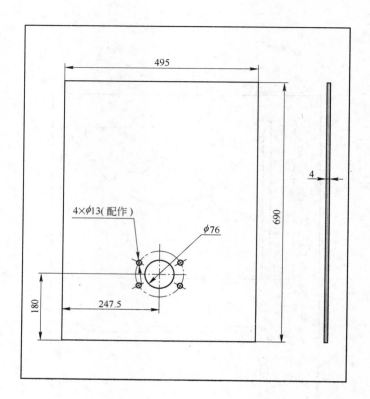

图 3-8　侧挡板

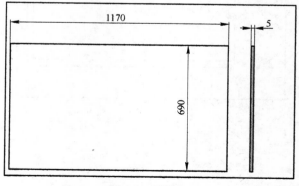

图 3-9　后挡板

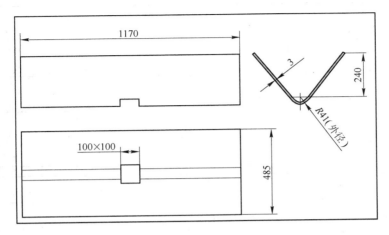

图 3-10　V 形料板

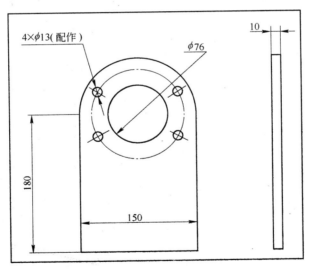

图 3-11　支承

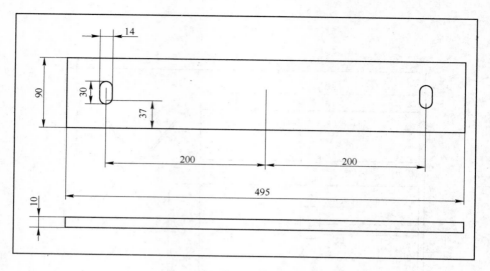

图 3-12　底板

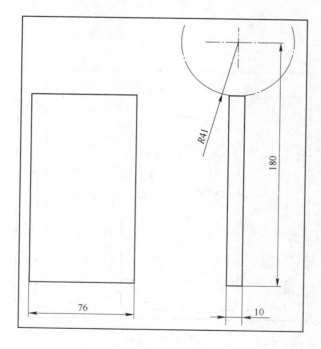

图 3-13　筋板

实训 4　一级脱水器的设计

实训参考学时数　15~20 学时。

实训目标

（1）通过一级脱水器的所有钣金件设计训练，学习提高运用 Pro/E 4.0 软件进行钣金设计的技巧。

（2）通过一级脱水器钣金件钣金工程图设计训练，学习提高运用 Pro/E 4.0 软件创建钣金工程图的应用能力。

（3）通过一级脱水器装配设计训练，学习提高运用 Pro/E 4.0 软件进行装配设计的水平。

实训内容

（1）完成一级脱水器内、外圆筒设计。

（2）完成一级脱水器叶片设计。

（3）完成一级脱水器所有钣金件钣金工程图设计。

（4）完成一级脱水器的装配设计。

实训要求

（1）认真分析脱水器各钣金件的结构特点、装配关系及有关尺寸，合理设计一级脱水器所有钣金件的结构形状。

（2）从应用角度出发，完成钣金件的钣金工程图设计。

（3）理解装配类型的适用场合，正确选择装配约束类型，对零件进行合理装配。

步骤及方法

首先，要创建"脱水器"工作目录，然后再进行脱水器的设计。一级脱水器设计所有钣金件的材料均采用 Q235A 钢，板厚 4mm。脱水器装配体由一个内圆筒、一个外圆筒和 24 个叶片组成。脱水器整体采用焊接成型。

（1）内、外圆筒钣金设计。

内、外圆筒起到叶片焊接的依附体作用，都是简单钣金件。在此采用在实体模块中创建圆筒实体，再转换为钣金件的设计方法。

1）内圆筒钣金设计。

①创建内圆筒文件。进入 Pro/E 4.0 系统后，使用公制模板（mmns_part_solid）建立 tsq-1-yt-1440 的零件文件。

②建立圆筒实体薄板。创建一个内径为 1440、厚度为 4、高度为 120 的圆筒，轴向垂直于 TOP 平面。

③转换为钣金件。单击如图 4-1 所示的【应用程序】菜单→【钣金件】→在如图 4-2 所示的【钣金件转换】菜单中选择【驱动曲面】命令→选择圆筒内表面（作为钣金件驱动曲面）→按系统提示"在 0.2462 到 1025.6471 范围内输入厚度"，在文本框中输入"4"→单击回车键，在特征树上出现了新特征"第一壁"，完成钣金件转换，进入钣金设计模块。

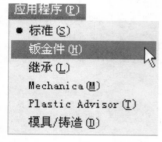

图 4-1 【应用程序】菜单

图 4-2 【钣金件转换】菜单

④创建止裂缝特征，用于展平操作。

Ⅰ. 单击【插入】菜单→【形状】→【止裂】命令（或单击工具栏中的按钮），弹出【选项】菜单，如图 4-3 所示。

Ⅱ. 在【选项】菜单中，选择【规则缝】→【完成】。

Ⅲ. 选择基准平面 RIGHT 作为草绘平面→绘制如图 4-4 所示的草图曲线→单击，形成缝特征。

图 4-3 【选项】菜单

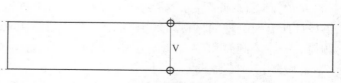

图 4-4 草绘曲线

⑤创建钣金的平整状态，用于生成钣金工程图同时又不影响装配操作。

Ⅰ．选择下拉菜单【编辑】→【设置】命令。

Ⅱ．在弹出的【零件设置】菜单（见图 4-5a）中选择【钣金件】命令→在【钣金件设置】菜单中选择【平整状态】命令→在【平整状态】菜单（见图 4-5b）中选择【创建】命令。

Ⅲ．此时系统提示"为平整阵列实例输入名字"，并在文本框中显示"TSQ-1-YT-1440_FLAT1"，单击✔按钮，接受默认的平整状态名称 TSQ-1-YT-1440_FLAT1（钣金展开文件的文件名）。

Ⅳ．在弹出的【零件状态】菜单（见图 4-5c）中，选择【全部成型】命令。

Ⅴ．在系统提示"选取当展平/折弯回去时保持固定的平面或边"时，选取创建的止裂缝作为展开的固定边。

Ⅵ．单击【规则类型】对话框中【预览】按钮，预览所创建的平整状态→单击【确定】按钮。

(a)

(b)

(c)

图 4-5 菜单

(a)【零件设置】；(b)【平整状态】；(c)【零件状态】

Ⅶ.可以单击【平整状态】菜单中【显示】命令查看所创建的平整状态的钣金件→单击【窗口】菜单→【关闭】命令,关闭新窗口。

2)外圆筒钣金设计。

①创建外圆筒文件。进入 Pro/E 4.0 系统后,使用公制模板(mmns_part_solid)建立 TSQ-1-YT-3400 的零件文件。

②建立圆筒实体薄板。创建一个外径为 3400、厚度为 4、高度为 520 的圆筒,轴向垂直于 TOP 平面。

③重复上述"内圆筒"的步骤③。

④重复上述"内圆筒"的步骤④。

⑤展开外圆筒钣金件。单击菜单【插入】→【折弯操作】→【展平】→【规则】→【完成】→选择止裂槽边,作为固定边→【展平全部】→【完成】→【确定】,完成如图 4-6 所示特征创建。

图 4-6　外圆筒展平

⑥使用【族表】创建一个不含展平特征的三维模型实例。

Ⅰ.进入族表对话框。选择【工具】菜单→【族表】命令,系统弹出【族表】对话框。

Ⅱ.增加族表的列。在【族表】对话框中,单击图标→系统弹出【族项目】对话框,在该对话框的【添加项目】区域选中◉特征按钮→系统弹出【选取特征】菜单,选择【选取】命令→在模型树中选取上一步创建的展平特征→单击【完成】命令→单击【族项目】对话框中的【确定】按钮。

Ⅲ.增加族表的行。在【族表】对话框中,单击图标→系统立即添加新的一行,单击＊号栏,将＊号改成 N,如图 4-7 所示,这样在 TSQ-1-YT-3400_INST 实例中就不显示展平特征。

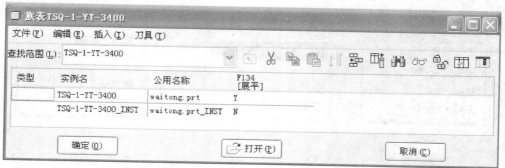

图 4-7　【族表】对话框

Ⅳ. 单击【族表】对话框中的【确定】按钮→保存钣金零件。

3）生成内圆筒钣金件工程图。

①打开内圆筒三维模型文件 TSQ-1-YT-1440. prt。

从弹出的【选取实例】对话框（见图4-8）中选取该零件的"普通模型"→单击【打开】按钮。

图4-8 【选取实例】对话框

②创建内圆筒钣金工程图。

Ⅰ. 新建一个工程图文件。

• 单击下拉菜单【文件】→【新建】，在弹出的【新建】对话框中，选中【类型】区域的【绘图】按钮→输入文件名"TSQ-1-YT-1440-DRAWING"→取消【使用缺省模板】复选框中的"√"号（不使用默认的模板）→单击【确定】按钮。

• 选取适当的工程图模板或图框格式。在弹出的【新制图】对话框中，选取"空"模板、"横向"放置图纸、图纸的标准大小为A4→单击【确定】按钮。

• 从弹出的【选取实例】对话框中选取该零件的"TSQ-1-YT-1440_FLAT1"→单击【打开】按钮。

Ⅱ. 创建展开视图。

• 在绘图区右击→从快捷菜单中，选择【插入普通视图】命令。

• 在系统"选取绘制视图的中心点"的提示下，在屏幕图形区选择一点。此时系统弹出【绘图视图】对话框。

• 定义视图方向。在对话框的【模型视图名】区域选择视图方向为RIGHT→单击【应用】按钮。

• 设置比例。在对话框的【类别】区域选择【比例】选项→选中【定制比例】按钮→输入值"0.05"。

- 单击对话框中的【确定】按钮，完成展开图的创建。

Ⅲ．在工程图中添加不含展平特征的三维模型的族表实例。

- 选择下拉菜单【文件】→【属性】→在弹出的【文件属性】菜单中选择【绘图模型】命令→在【DWG 模型】菜单中选择【添加模型】命令。

- 在弹出的【打开】对话框中，选择"普通模型"（内圆筒无展平特征的文件）→单击【打开】按钮。

- 在【文件属性】菜单中选择【完成/返回】命令。

Ⅳ．创建三维钣金件的主视图。

- 在绘图区右击→从快捷菜单中选择【插入普通视图】命令。

- 在系统"选取绘制视图的中心点"的提示下，在屏幕图形区选择一点。此时系统弹出【绘图视图】对话框。

- 定义视图方向。在对话框的【模型视图名】区域选择视图方向为 TOP→单击【应用】按钮。

- 在对话框的【类别】区域选择【比例】选项→选中【定制比例】按钮→输入值"0.05"。

- 单击对话框中的【确定】按钮，完成主视图的创建，如图 4-9 所示。

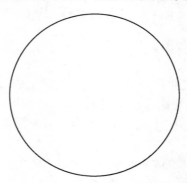

图 4-9 内圆筒主视图

以下操作参照图 4-10 所示。

Ⅴ．创建三维钣金件的半剖俯视图。

Ⅵ．创建三维钣金件局部放大图，放大观察内圆俯视图壁厚，局部视图比例取 1∶1。

Ⅶ．创建三维钣金件轴测图，比例取 1∶20。

Ⅷ．标注视图尺寸，完成技术要求等书写。

Ⅸ．绘制标题栏，填写标题栏。

4）创建外圆筒钣金件工程图（见图 4-11）。

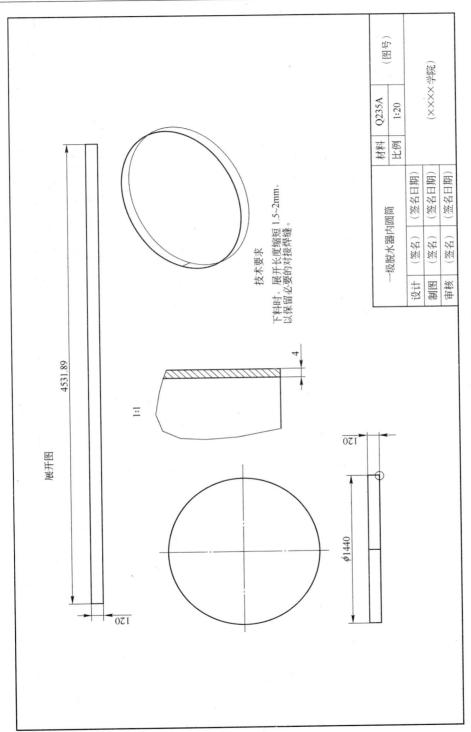

展开图

4531.89

1:1

120

120

φ1440

技术要求

下料时，展开长度缩短 1.5~2mm，以保留必要的对接焊缝。

4

一级脱水器内圆筒

设计	（签名）	（签名日期）
制图	（签名）	（签名日期）
审核	（签名）	（签名日期）

材料	Q235A
比例	1:20

（图号）

（××××学院）

图 4-10　内圆筒工程图

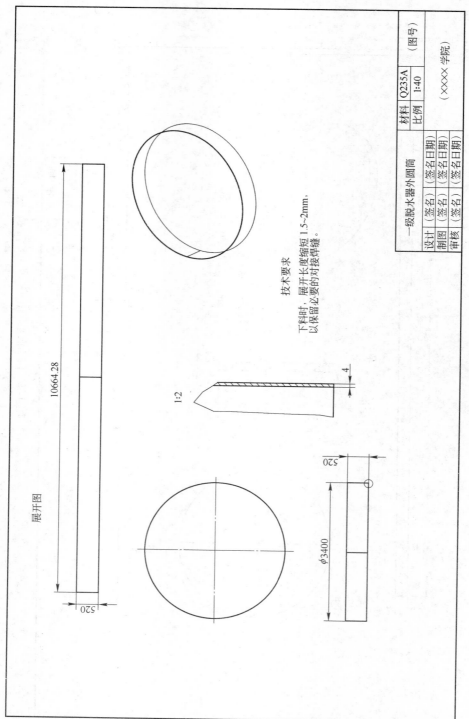

图 4-11　外圆筒工程图

①创建外圆筒工程图文件。单击下拉菜单【文件】→【新建】，在弹出的【新建】对话框中，选中【类型】区域的【绘图】按钮→输入文件名"TSQ-1-YT-3400-DRAWING"→取消【使用缺省模板】复选框中的"√"号（不使用默认的模板）→单击【确定】按钮→选 A4 图纸横放。

②插入"一般"视图→从【打开】对话框中选择外圆筒文件"TSQ-1-YT-3400. prt"→从出现的【选取实例】对话框（见图 4-12）中选取"TSQ-1-3400_INST"（是外圆筒不含展平的文件）→单击左键，插入模型→修改视图属性，完成三维模型的主视图。

图 4-12　【选取实例】对话框

③生成其余视图。

④生成展平状态视图。单击右键→【属性】→【绘图模型】→【添加模型】→从【打开】对话框中选取外圆筒文件"TSQ-1-YT-3400. prt"→从出现的【选取实例】对话框中选取【普通模型】→【完成/返回】→单击左键，插入模型→修改视图属性，完成展平模型的视图创建。

⑤完成标注、技术要求及图框和标题栏绘制。

（2）叶片钣金造型设计。

1）创建叶片钣金件。

①创建叶片文件。进入 Pro/E 4.0 系统后，使用公制模板（mmns_part_solid）建立 TSQ-1-YP-Q1200 的零件文件。

②创建基准曲线。

Ⅰ.分别创建三个基准曲线：ϕ1200 切圆、ϕ1448 和 ϕ3392 边界圆（三圆同

心），如图 4-13 所示。

　　Ⅱ. 创建一基准曲线，如图 4-14 所示，与 φ1200 切圆相切。

　　Ⅲ. 绘制与切线垂直且与大圆相切的草绘线，如图 4-15 所示。

　　Ⅳ. 创建基准平面。过相切基准曲线且垂直于 TOP 基准平面，创建基准平面 DTM1（命名为"叶片大端草绘面"），如图 4-16 所示。

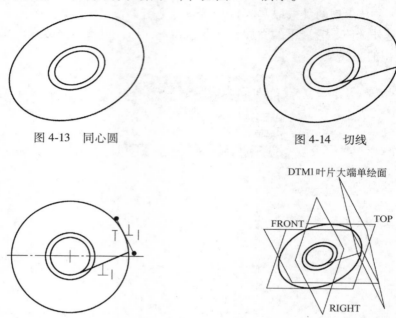

图 4-13　同心圆　　　　　　　　　　　图 4-14　切线

图 4-15　草绘基准曲线　　　　　　　　图 4-16　创建基准平面

　　Ⅴ. 草绘叶片端面轮廓线。以 DTM1 平面为草绘平面，TOP 基准面为参照放置草绘面，以图 4-15 所示切线端点为草绘参照，按如图 4-17 所示绘制草图，30° 斜线以切线端点为起点。

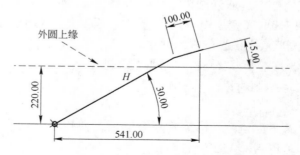

图 4-17　草绘叶片端面轮廓线

　　Ⅵ. 创建两条基准曲线。

● 单击插入基准曲线图标→出现如图 4-18(a)所示的【曲线选项】菜单→单击【经过点】→【完成】。

● 出现如图 4-18(b)所示的【连结类型】菜单，默认【样条】（曲线类型）、【整个阵列】（所有基准点）和【添加点】（在曲线上添加新点），单击【完成】，出现【选取】菜单。

● 按图 4-19 所示，经过与切圆相切的切线之切点，分别经过图 4-17 所示叶片端面轮廓线上线段 100 的两个端点，创建两条直线①、②。

③创建叶片钣金实体。

Ⅰ. 创建基准平面。过图 4-19 所示的直线②和切线创建基准平面 DTM2。

Ⅱ. 拉伸实体。

● 以基准平面 DTM2 为草绘平面。

● 按图 4-20 所示完成草绘。根据两条切线和直线②绘制三角形。

● 确定拉伸方向向上，拉伸深度为 4，实体如图 4-21 所示。

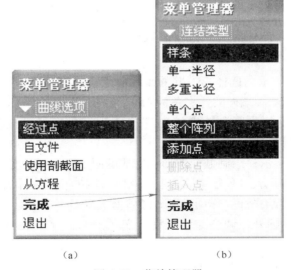

图 4-18 菜单管理器

图 4-19 经过点创建基准曲线

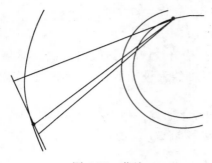

图 4-20 草绘

图 4-21 拉伸实体

Ⅲ. 转换为钣金件。单击【应用程序】菜单→【钣金件】→在【钣金件转换】菜单中选择【驱动曲面】命令→选择拉伸实体下表面（作为钣金件驱动曲面）→单击菜单【钣金件转换】中【完成参考】→按系统提示"在 0.2462 到 1025.6471 范围内输入厚度"，在文本框中输入"4"→单击回车键，在特征树上出现新特征"第一壁"，完成钣金件转换，进入钣金设计模块。

Ⅳ. 创建大端面边夹角 15°折弯板。

• 单击【插入】菜单→【钣金件壁】→【平整】，出现【平整】附加壁操控板。

• 按图 4-22 所示，选择第一壁的驱动曲面边作为附着边，调整平整壁与第一壁面夹角，以保证大端面的边夹角为 15°。

• 单击操控板上【形状】按钮→【草绘】→出现【草绘】对话框，单击【草绘】，进入草绘模式。

• 按图 4-23 所示，绘制截面图形。完成的附加平整壁，如图 4-24 所示。

Ⅴ. 切除多余部分。单击【插入】菜单→【拉伸】→【放置】→【定义】→选择 TOP 面作草绘平面→作同心圆 φ1448 和 φ3392→单击对号，完成草绘→调整切除范围为同心圆外，调整拉伸深度→单击对号，完成钣金切削，如图 4-25 所示。

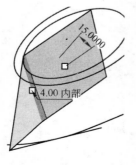

图 4-22 选择附着边

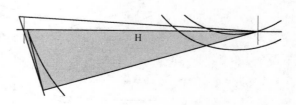

图 4-23 平整壁草绘

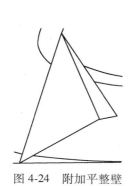

图 4-24 附加平整壁

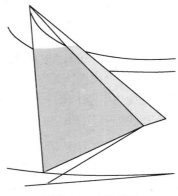

图 4-25 叶片特征

④隐藏辅助基准曲线。单击【导航区】的【显示】菜单→【层树】→选择层树中 "03_PRT_ALL_CURVES" →单击右键, 从快捷菜单中选择【隐藏】命令→再次单击右键, 从快捷菜单中选择【保存状态】命令→单击【显示】菜单→【模型树】。

● 注意: 层隐藏后, 再单击【保存状态】命令, 使在保存退出文件后, 重新打开文件时, 隐藏状态不变。

2) 生成叶片钣金件工程图。

①打开叶片文件 TSQ-01-YP. prt。

②创建钣金件的平整状态。

Ⅰ. 选择下拉菜单【编辑】→【设置】命令。

Ⅱ. 在弹出的【零件设置】菜单中选择【钣金件】命令→在【钣金件设置】菜单中选择【平整状态】命令→在【平整状态】菜单中选择【创建】命令。

Ⅲ. 此时系统提示 "为平整阵列实例输入名字", 并在文本框中显示 TSQ-01-YP_FLAT1, 单击✔按钮, 接受默认的平整状态名称。

Ⅳ. 在【零件状态】菜单中, 选择【全部成型】命令。

Ⅴ. 当系统提示 "选取当展平/折弯回去时保持固定的平面或边" 时, 在叶片上选取主板面为固定面。

Ⅵ. 单击【规则类型】对话框中【预览】按钮, 预览所创建的平整状态→单击【确定】按钮。

Ⅶ. 可以单击【平整状态】菜单中【显示】命令查看所创建的平整状态的钣金件→单击【窗口】菜单→选择【关闭】命令, 关闭新窗口。

③创建钣金工程图。

Ⅰ. 新建一个工程图文件。

● 单击下拉菜单【文件】→【新建】, 在弹出的【新建】对话框中, 选中

【类型】区域的【绘图】按钮→输入文件名"TSQ-01-YP-DRAWING"→取消【使用缺省模板】复选框中的"√"号（不使用默认的模板）→单击【确定】按钮。

● 选取适当的工程图模板或图框格式。在弹出的【新制图】对话框中，选取"空"模板、"横向"放置图纸、图纸的标准大小为 A4→单击【确定】按钮。

● 系统弹出【选取实例】对话框（见图 4-26），选取该零件模型的含展平特征的实例 TSQ-01-YP_FLAT1→单击【打开】按钮。

图 4-26 　【选取实例】对话框

Ⅱ. 创建如图 4-27 所示的展开视图。

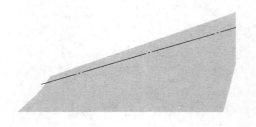

图 4-27 　叶片展开图

● 在绘图区右击→从快捷菜单中选择【插入普通视图】命令。

● 在系统"选取绘制视图的中心点"的提示下，在屏幕图形区选择一点。此时系统弹出【绘图视图】对话框。

● 定义视图方向。在对话框的【模型视图名】区域选择视图方向为 TOP→单击【应用】按钮。

● 设置比例。在对话框的【类别】区域选择【比例】选项→选中【定制比例】按钮→输入值"1"。

● 单击对话框中的【确定】按钮，完成展开图的创建。

Ⅲ. 在工程图中添加不含展平特征的三维钣金件模型。

● 选择下拉菜单【文件】→【属性】命令→在弹出【文件属性】菜单中选择【绘图模型】命令→在【DWG 模型】菜单中选择【添加模型】命令。

● 在弹出的【打开】对话框中，单击【打开】按钮→打开在进程中的模型文件 TSQ-01-YP. PRT。

● 在弹出的【选取实例】对话框中，选取该零件模型的"普通模型"→单击【打开】按钮。

Ⅳ. 创建新实例的主视图、A 向视图和轴测图。

Ⅴ. 标注尺寸。

Ⅵ. 保存工程图（见图 4-28）文件。

（3）一级脱水器装配。

1）进入装配环境。

①创建装配文件。单击菜单【文件】→【新建】，在【新建】对话框中的【类型】栏选择【组件】，【子类型】栏中选择【实体】，输入文件名"TSQ-01"，点击【确定】，系统进入装配模块。

②显示模型树。单击【导航区】的【设置】菜单→【树过渡器】→在【模型树项目】对话框中，勾选"特征"选项→单击【应用】→【确定】。

2）装配基础件——外圆筒。

①启动装配命令。单击装配模块中菜单【插入】→【元件】→【装配】选项。

②查找要装配的零件文件。在打开的文件对话框中，选择要装配的第一个零件（基础件）为 TSQ-1-3400_INST. prt，调入该零件。

③定义约束。在弹出的【元件放置】操控板中，单击【元件约束】下拉列表→选择"⤢缺省"约束，以默认方式进行装配→单击操控板上✔按钮，完成脱水器外圆筒的装配，如图 4-29 所示。

3）装配第二件——内圆筒。

①启动装配命令。单击右侧工具栏中装配元件命令图标⬚。

②查找要装配的零件文件。在打开的文件对话框中，选择要装配的零件为 TSQ-1-YT-1440. prt，调入该零件。

③定义约束。

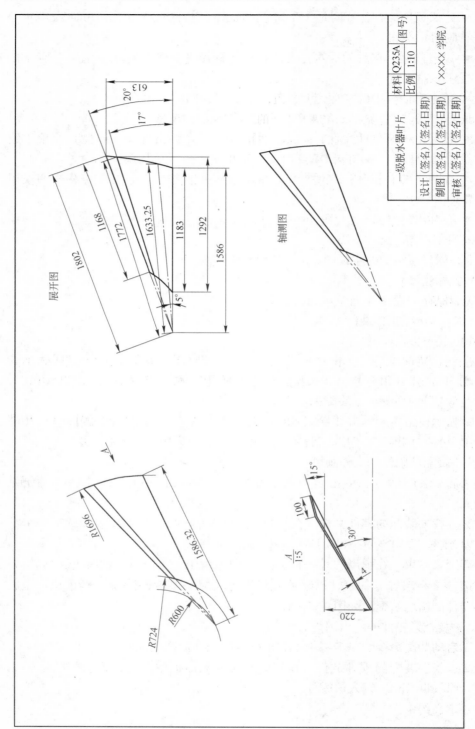

图 4-28　叶片工程图

Ⅰ．定义约束类型。在弹出的【元件放置】操控板中，单击【元件约束】下拉列表，选择约束类型为"插入"。

Ⅱ．选择参与约束的参照。在工作区分别选择内、外圆筒轴线作为第一个约束的参照。

Ⅲ．加入第二个约束并选择其参照。单击操控板上【放置】选项卡，在出现的操作界面上按钮左侧单击"自动"，在右侧选择约束类型为"匹配"，约束偏移为"偏距"；在工作区分别选择外圆筒的上端面和内圆筒的下端面为第二个约束的参照，偏移量为-220。

Ⅳ．单击操控板上✔按钮，完成内圆筒的装配，如图4-30所示。

图 4-29　外圆筒装配　　　　　　　　　图 4-30　内圆筒装配

4）装配第三件——叶片。

①启动装配命令。单击右侧工具栏中装配元件命令图标🗔。

②查找要装配的零件文件。在打开的文件对话框中，选择要装配的零件为TSQ-01-YP. prt，调入该零件。

③定义约束。

Ⅰ．定义约束类型。采用自动约束类型。

Ⅱ．选择参与约束的参照。在工作区依次选择内圆筒与叶片的基准平面FRONT、FIGHT、TOP 作为第一、第二、第三个约束的参照，三个约束重合对齐约束。

Ⅲ．单击操控板上✔按钮，完成叶片的装配，如图4-31所示。

5）阵列装配 24 个叶片。

①选择叶片元件，激活元件阵列命令。

②单击【编辑】菜单→【阵列】。

③单击阵列操控板上【阵列类型】下拉列表→选择"轴"（进行圆形阵列）。

④在工作区，选择圆筒的轴线。

⑤在操控板上，设置阵列数量为24，阵列角度360°/24＝15°，然后单击✔按钮，完成叶片阵列装配，如图4-32所示。

图 4-31　叶片装配

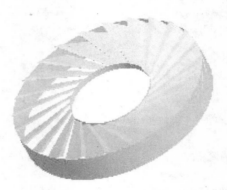

图 4-32　阵列装配叶片

补充练习

　　参照一级脱水器钣金件设计，完成二级脱水器和旋流体钣金件设计（见附录 1），目的及要求与一级脱水器设计要求相同。完成二级脱水器和旋流体钣金件设计实训，共需要学时数为 15~20 学时。

实训 5 一级脱水器的焊接设计及其焊接工程图的生成

实训参考学时数 5~10 学时。

实训目标

（1）通过一级脱水器焊接设计训练，进一步掌握运用 Pro/E 4.0 软件进行焊接设计的操作技巧。

（2）进一步掌握运用 Pro/E 4.0 软件设计焊接工程图的操作方法和技巧。

实训内容

（1）完成一级脱水器的焊接设计。

（2）完成一级脱水器焊接工程图设计，生成焊接 BOM 表。

实训要求

（1）合理选择焊接工艺参数，完成一级脱水器的焊接设计。

（2）生成一级脱水器的工程图。

步骤及方法

A 一级脱水器焊接设计

本脱水器完全是钣金件造型，最后进行焊接连接。由于钣金壁仅为 4mm，所以不必进行双面焊接或开坡口焊接。两个圆筒对接口采用单面对接焊接双面连接，叶片与内、外圆筒采用单面角焊接处理。

（1）打开装配文件。单击菜单【文件】→【打开】→在【打开】对话框中选择文件名"TSQ-01.asm"→单击【打开】。

（2）进入焊接设计环境。单击【应用程序】菜单→【焊接】。

（3）定义焊条参数。

1）单击【工具】菜单→【焊缝】→【焊条】。

2）在【焊条】对话框中定义和修改焊条的操作。

①定义新焊条。单击✚→在【焊条参数】下输入焊条名称：ROD1→单击【完成】→出现【错误】对话框，提示"参数 DENSITY（密度）的值小于最小

值 1e-09"（密度值参照被焊接件密度取值）→单击【确定】。

②完成其他参数定义。焊条材料为"低碳钢焊条"，密度为"15"，直径为"5"，质量单位为"克"，长度为"100"，焊条规格号参照相关焊条代号选取。完成定义的焊条如图 5-1 所示。

（4）定义焊接工艺。

1）单击菜单【工具】→【焊缝】→【工艺】。

2）单击【焊接工艺】对话框中【工艺列表】下方的 ➕ →在【工艺参数】栏的【工艺名称】文本框内输入新的工艺名为"HZT"→单击【完成】按钮→出现【错误】对话框，提示"参数 FEEDRATE（进给速度）的值小于最小值 1e-09"，单击【确定】。

3）在【焊接工艺】对话框的【工艺参数】栏中定义焊接工艺参数。加工类型为"手动"，处理方式为"低氢"，焊条送进速度为"20"，焊缝曲面轮廓或形状为 ➖ "平整"，工艺规格（即"焊接方法"）取"手弧焊"，其余采用默认参数，如图 5-2 所示。

图 5-1　定义焊条

图 5-2　定义焊接工艺

4）单击【应用】按钮。

5）单击【实用工具】菜单→【设为缺省值】。

6）单击【文件】→【保存】→【完成】，关闭【焊接工艺】对话框。

（5）定义焊缝参数。

●注意：不同的焊缝形状将有不同的焊缝参数，在此定义最常见的焊缝形式，在后面每个具体焊缝时将修改此焊缝参数。

1）单击菜单【工具】→【焊缝】→【参数】。

2）在【焊缝参数】对话框中单击 按钮或选择菜单【添加】→【添加参数】→在【名称】列出现的下拉列表中，选择"ROOT_OPEN"（两个焊接元件间的钝边间隙的尺寸）项，在右侧【值】栏中输入"2"。

用同样的方法，添加参数"LEG1"（角焊缝的第一焊脚的给定值），值"4"；"LEG2"（角焊缝的第二焊脚的给定值），值"4"，如图 5-3 所示。

图 5-3　定义焊缝参数

3）选择【文件】→【保存】→【确定】，关闭【焊缝参数】对话框。

（6）焊接内圆筒。内圆筒是由一张铁板卷曲而成的，所以对接缝需要焊接。为了便于焊接操作，先将所有叶片隐含。

1）单击右侧工具栏上 图标。

2）在【焊缝定义】对话框上的【特征】栏中勾选【焊缝】→在【焊缝特征】中单击 按钮，→输入熔深为"4"、默认已定义钝边间隙为"2"→单击【环境】左侧的三角号，可看到已定义的焊条、焊接工艺名称均已列出，其他选项采用默认，如图 5-4 所示→单击【确定】按钮，完成定义。

3）以无隐藏线方式显示模型。

4）在图 5-5 所示的【参照选项】菜单中选择【链-链】→在【链】菜单中

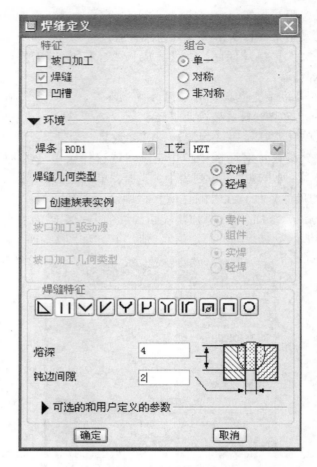

图 5-4　定义对接焊缝

选择【曲面链】→选择内圆筒边缝的一侧曲面→在出现的【链选项】菜单中选择【从-到】→依次选取边缝两端的加亮点→选择【选取】菜单中的【确定】命令→单击【参照选项】菜单中【完成】命令。

5）重复步骤4），完成边缝另一侧曲面边的定义。

6）在屏幕下方出现提示"输入焊接宽度"，等待输入焊接宽度值，输入"4"，单击回车键→焊缝处出现一个红色箭头，提示焊接的材料侧，在出现的【方向】菜单选择【正向】（或【反向】→【正向】）确定合理的焊接材料侧。

7）单击【坡口焊】对话框中的【确定】按钮，完成焊缝特征的创建。

（7）焊接外圆筒。参照内圆筒对接缝的焊接操作，完成外圆筒对接缝的焊接。

（8）叶片与内、外圆筒的角焊接。先将隐含的第一个叶片恢复。

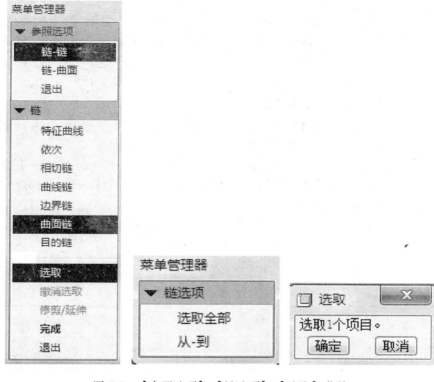

图 5-5　【参照选项】、【链选项】、【选取】菜单

1）单击菜单【插入】→【焊缝】。

2）在【焊缝定义】对话框上的【特征】栏中勾选【焊缝】→在【焊缝特征】中单击 按钮，默认焊脚等长及焊脚长为"4"→单击【环境】左侧的三角号，可看到已定义的焊条、焊接工艺名称均已列出，其他选项采用默认→单击【确定】按钮，完成定义。

3）以无隐藏线方式显示模型。

4）在【参照选项】菜单中选择【曲面-曲面】→【添加】→按住 Ctrl 键，用鼠标左键依次选取叶片一侧面作为每一参照曲面→单击菜单中【完成参考】→再选择内圆筒外表面作为第二参照面→单击菜单中【完成参考】。

5）在【PLACEMENT】（放置）菜单中依次选择【整个长度】、【连续】→【完成】。

6）在出现的【方向】菜单选择【正向】（或【反向】→【正向】）确定合理的焊接材料侧。

7）单击【角焊】对话框中的【确定】按钮，完成叶片与内圆筒的焊缝特征的创建。

8) 重复步骤 1) ~7)，完成叶片与外圆筒的焊接。

9) 阵列角焊特征。将叶片与内、外圆筒的角焊特征成组，恢复所有隐含的叶片，阵列成组的焊缝：轴阵列、阵列数量 24、阵列角 15°。

B　生成一级脱水器的焊接工程图

(1) 创建绘图文件。

1) 单击【文件】→【新建】。

2) 在【新建】对话框的【类型】中点选【绘图】→输入文件名称：ZHIZUO→去掉【使用缺省模板】前的对号→单击【确定】。

3) 在【新制图】对话框中，选取【缺省模型】为 ZHIZUO. ASM→【指定模板】为"空"→【方向】是"横向"→【大小】为标准大小 A3→【确定】。

(2) 设置绘图环境参数。

1) 单击【文件】菜单→【属性】（或将鼠标放在绘图区→右击鼠标→从快捷菜单中选取【属性】）→单击【文件属性】菜单中【绘图选项】。

2) 在【选项】对话框中设置参数，见表 5-1。

表 5-1　焊接的配置选项

选　　项	缺省值	设定值	说　　明
weld_ symbol_ standard	std_ ansi	std_ iso	选择在绘图中显示焊接符号为国际标准

(3) 插入视图。

1) 单击【插入】→【绘图视图】→【一般】，出现【选取组合状态】对话框，默认组合状态名称为"无组合状态"，并勾选【不要提示组合状态的显示】→单击【确定】。

2) 在绘图区适当的位置单击鼠标，出现焊接件及其【绘图视图】属性对话框→在【类型】列表中选择【视图类型】→在【模型视图名】列表框中选择一视图方向作为主视方向（在此选取"FRONT"）→单击【应用】。

3) 在【类型】列表中选择【视图显示】→在【显示线型】的下拉列表框中选取"无隐藏线"→在【相切边显示格式】的下拉列表框中选择"无"→在【面组隐藏线移除】中点选"是"→单击【应用】→其余属性采用默认值，单击【关闭】，完成主视图放置。

4) 单击【插入】→【绘图视图】→【投影】→放置俯视图，并设置其属性。

5) 修改主视图属性为半剖视图。

(4) 标注焊缝尺寸。在放置主视图时，所有焊接尺寸符号均自动显示出来，调整所有焊缝尺寸符号，删除多余的符号，调整位置及放在适当的视图上标注。

如果不慎删除焊缝尺寸符号，也可采用【视图】→【显示及拭除】命令，打开【显示及拭除】对话框进行标注。

（5）自动生成焊接参数明细表。

1）制作标题栏、明细栏。

①单击【表】菜单→【插入】→【表】。

②在【创建表】菜单中单击【升序】、【右对齐】、【按长度】、【选出点】。

③在绘图区适当位置单击鼠标→输入所有各列的宽度值（每输入一个，单击一次回车）：12、26、28、24、20→两次回车→输入所有各行的宽度值（每行宽8，共创建8行就可以了）→两次回车，完成表创建。

④合并单元格。选中要合并的单元格（多个单元格合并，可以只选其中最远的两个单元格）→单击【表】菜单→【合并单元格】。

⑤移动表格定位。

⑥向单元格输入文本。双击要输入文本的单元格，在【注意属性】对话框中输入文本，并进行编辑→单击【确定】。重复此操作，完成所有文本输入。

2）填写焊接明细。

①单击【表】菜单→【重复区域】。

②在【域表】菜单中单击【添加】→【简单】。

③在图5-6所示工程图的明细栏中，单击文本"编号"的上一行最左单元格→再两次单击同一行的最右单元格。

④单击【域表】菜单中【完成】。

⑤在步骤③中所单击的一行上，双击最左单元格，出现【报告符号】对话框→在对话框中选择"weldasm..."、"weld..."、"seq_id"。

⑥重复步骤⑤，在第二个单元格双击，在出现【报告符号】对话框→在对话框中选择"weldasm..."、"weld..."、"type"。

⑦重复步骤⑤，在第三个单元格双击，在出现【报告符号】对话框→在对话框中选择"weldasm..."、"weld..."、"len"。

⑧重复步骤⑤，在第四个单元格双击，在出现【报告符号】对话框→在对话框中选择"weldasm..."、"weld..."、"timeused"。

⑨单击【表】菜单→【重复区域】→在【域表】菜单中【更新表】，则系统自动生成焊接信息报表，如图5-6所示。

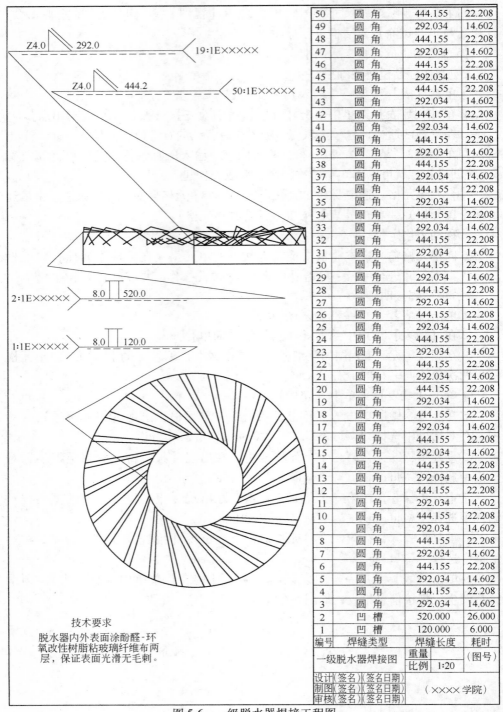

50	圆 角	444.155	22.208
49	圆 角	292.034	14.602
48	圆 角	444.155	22.208
47	圆 角	292.034	14.602
46	圆 角	444.155	22.208
45	圆 角	292.034	14.602
44	圆 角	444.155	22.208
43	圆 角	292.034	14.602
42	圆 角	444.155	22.208
41	圆 角	292.034	14.602
40	圆 角	444.155	22.208
39	圆 角	292.034	14.602
38	圆 角	444.155	22.208
37	圆 角	292.034	14.602
36	圆 角	444.155	22.208
35	圆 角	292.034	14.602
34	圆 角	444.155	22.208
33	圆 角	292.034	14.602
32	圆 角	444.155	22.208
31	圆 角	292.034	14.602
30	圆 角	444.155	22.208
29	圆 角	292.034	14.602
28	圆 角	444.155	22.208
27	圆 角	292.034	14.602
26	圆 角	444.155	22.208
25	圆 角	292.034	14.602
24	圆 角	444.155	22.208
23	圆 角	292.034	14.602
22	圆 角	444.155	22.208
21	圆 角	292.034	14.602
20	圆 角	444.155	22.208
19	圆 角	292.034	14.602
18	圆 角	444.155	22.208
17	圆 角	292.034	14.602
16	圆 角	444.155	22.208
15	圆 角	292.034	14.602
14	圆 角	444.155	22.208
13	圆 角	292.034	14.602
12	圆 角	444.155	22.208
11	圆 角	292.034	14.602
10	圆 角	444.155	22.208
9	圆 角	292.034	14.602
8	圆 角	444.155	22.208
7	圆 角	292.034	14.602
6	圆 角	444.155	22.208
5	圆 角	292.034	14.602
4	圆 角	444.155	22.208
3	圆 角	292.034	14.602
2	凹 槽	520.000	26.000
1	凹 槽	120.000	6.000
编号	焊缝类型	焊缝长度	耗时

技术要求
脱水器内外表面涂酚醛-环氧改性树脂粘玻璃纤维布两层,保证表面光滑无毛刺。

一级脱水器焊接图	重量		(图号)
	比例	1:20	

设计	(签名)	(签名日期)	
制图	(签名)	(签名日期)	(××××学院)
审核	(签名)	(签名日期)	

图 5-6　一级脱水器焊接工程图

实训 6 除尘器壳体及其附件的设计

实训参考学时数 15 学时。

实训目标

（1）通过除尘器壳体及其附件的设计训练，掌握合理运用装配约束进行零部件装配。

（2）掌握在装配模块中设计新的零件，以及借助相关零件完善零件局部结构设计的操作技巧。

（3）掌握运用 Pro/E 4.0 软件设计天圆地方并将其展开的正确方法和技巧。

实训内容

（1）完成除尘器壳体总体结构及其钣金件设计。

（2）完成两个天圆地方结构设计。

（3）完成壳体的焊接结构设计。

实训要求

（1）结合工程实际要求，合理设计除尘器壳体的总体结构。

（2）每个钣金件的设计，都必须保证能顺利展开，尤其是天圆地方的设计要特别注意操作技巧。

（3）在运用相关零件进行某个零件设计时，注意正确选取参照，尤其是在之后的结构修改时，要能够恰当地更换参照。

步骤及方法

除尘器外壳体及其附件如图 6-1 和图 6-2 所示。该除尘器所有钣金件壁厚大部分采用 4mm。

（1）创建装配文件 cucenqi. asm。

（2）在装配环境中，完成以下操作：

1）创建钣金文件 ccq-zuiti. prt，如图 6-3 所示，有关尺寸为大口外径 3600、高 2425（下边将放置厚度为 16 的法兰 1）、锥角 60.66°、板厚 4。其上的方形切口，可暂不创建，待后续创建"人口 1"时一同处理。

2）创建法兰 1 文件 ccq-falan-01. prt。如图 6-4 所示，法兰厚 16，其上钻通孔 φ20×20，孔组定位直径 φ900。法兰在锥体的下方，参照图 6-2 所示的尺寸 2425 定位。

3）在其下方再装入一个法兰 1。

4）创建一个下锥筒体文件 ccq-xaxuiti. prt。参照上锥筒体斜度创建下锥筒体，保证小端外直径 273，位置如图 6-2 所示。

5）创建出尘口圆筒文件 ccq-cucenkou. prt。圆筒模型高 60。

6）创建法兰 2 文件 ccq-falan-02. prt，模型尺寸为 φ372、厚 16，钻通孔 φ20×15，孔组定位直径 φ323，法兰 2 的位置如图 6-1 所示。

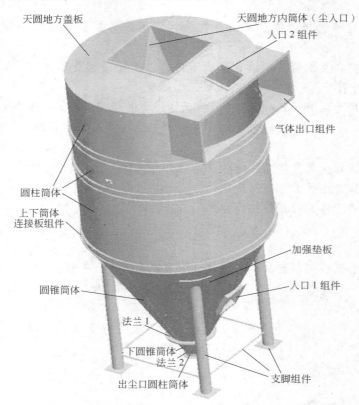

图 6-1　除尘器壳体

7）创建人口 1 文件 ccq-renkou-01. pr。如图 6-5 所示，人口 1 正方形入口边长 500，板厚 4。板宽 100 左右。其装配位置见图 6-2 中左下方 C 向视图。

创建完成人口 1 后，激活锥筒体文件，顺便完成其上人口 1 切口。

8）创建人口 1 的翻边文件 ccq-renkou-01jt. prt。参照图 6-2 所示尺寸，选择标准角铁：5 号×5。之后阵列装配，焊接而成，其上钻孔要求如图 6-5 所示。

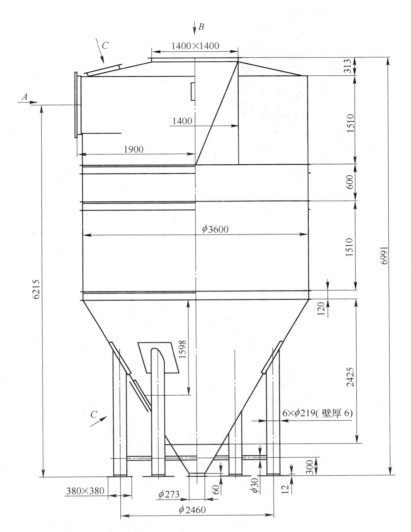

图 6-2　外壳体视图（几个向视图参见图 6-5、图 6-7、图 6-9）

9）创建上部圆柱筒文件 ccq-yztt-01. prt。其高度为 120。

10）参照步骤 9）及图 6-2 所示，同理完成 "ccq-yztt-02. prt"（其高度为 1510）、"ccq-yztt-03. pr"（其高度为 600）和 "ccq-yztt-04. pr"（其高度为 1510）的创建。

●注意：ccq-yztt-04. pr 是高度为 1510 的圆柱筒体，其上有切口，切口尺寸与入口组件对应，可以在创建入口组件时，再切此口，也方便定位定形。

11）创建圆柱筒体上连接板文件 ccq-sljb. prt。采用槽钢形状，槽外侧尺寸 120，其上均布螺栓孔 100-φ14，孔组定位直径 φ3650。

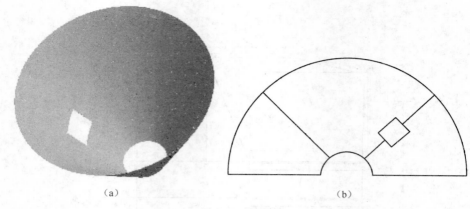

(a)　　　　　　　　　　　　　　　　　(b)

图 6-3　锥形体

（a）三维模型；（b）展开状态

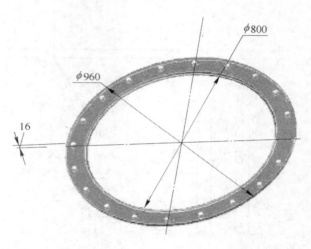

图 6-4　法兰 1

　　装配体中一共有三个此件，分别与 ccq-yztt-01. prt、ccq-yztt-02. prt、ccq-yztt-03. prt 文件对应的筒体焊接在一起。

　　12）创建圆柱筒体下连接板文件 ccq-xljb. prt。采用平板，内外直径参照上连接板确定，其上也均布螺栓孔 100-φ14，孔组定位直径 φ3650。

　　装配体中一共有三个此件，分别与 ccq-yztt-02. prt、ccq-yztt-03. prt、ccq-yztt-04. prt 文件对应的筒体焊接在一起。

　　13）创建出口组件，组件文件 ccq-ck. asm，组件模型如图 6-6 所示，有关定位、定形尺寸，参照图 6-2 和图 6-7 所示。在其中创建图 6-6 所示的 1、2、3 件的三个模型文件，分别为 ccq-crk-cb. prt、ccq-ck-jt-01. prt、ccq-ck-jt-02. prt。

　　完成该组件后，接着参照出口组件尺寸，完成圆柱筒体 4 的切口。

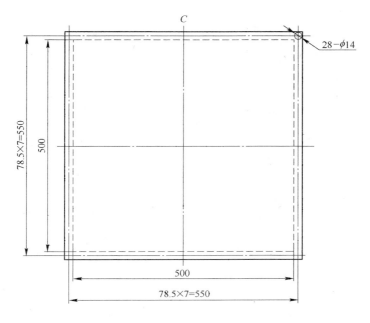

图 6-5　人口盖板（图 6-2 的 C 向视图）

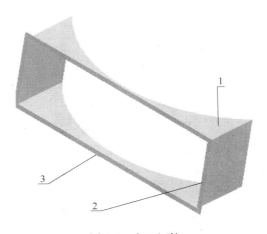

图 6-6　出口组件

14）创建入口的天方地圆筒体文件 ccq-rk-tfdy. prt。模型如图 6-8 所示。该件最好在完成二级脱水器装配后再建模，便于定位。有关尺寸参照图 6-2 和图 6-9 所示。

●注意：用 Pro/E 4.0 创建天圆地方或天方地圆，必须注意草绘方法（不能将截面图元画成圆，必须画成方加过渡圆角）及尺寸协调，否则就可能会使天圆地方无法展开。

15）创建入口连接板文件 ccq-rk-ljb. prt。采用角铁结构，选 L6 号×6，钻孔均布 4×φ14，保证中间有孔。有关尺寸参照图 6-9 所示。

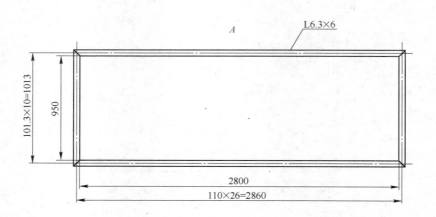

图 6-7　出尘口（图 6-2 的 A 向视图）

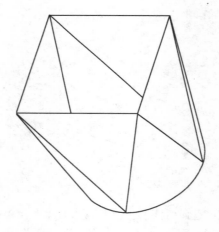

图 6-8　入口天方地圆圆筒

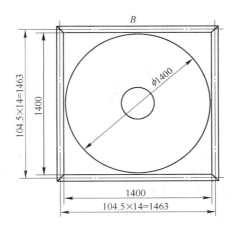

图 6-9　灰尘入口（图 6-2 的 B 向视图）

之后，再阵列装配其余三个方向，并焊接连接。

16）创建顶端盖板（天方地圆）文件 ccq-gb-tfdy. prt。有关尺寸参照图 6-2 所示，模型如图 6-10 所示。其中的人口 2，可留在创建人口 2 组件后，完成切除。

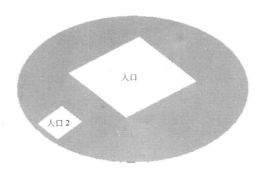

图 6-10　顶盖板

17）装配人口 1 组件，之后，完成图 6-10 所示顶盖板上的人口 2 的切除操作。

18）创建支承组件文件 ccq-zczj. asm。支承组件如图 6-11 所示。该组件中，立柱和拉杆都采用圆管。弧形承重板借助圆锥筒体外面生成比较方便。

（3）进入焊接模块，完成所有焊接连接。

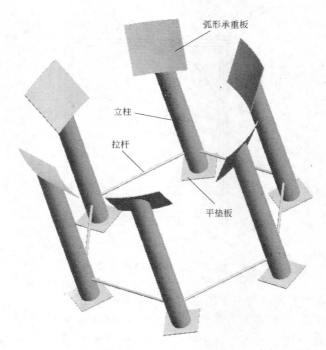

弧形承重板

立柱

拉杆

平垫板

图 6-11　支脚及加固板组件

实训 7　除尘器总体装配及其工程图设计

实训参考学时数　15~20 学时。

实训目标

通过完成除尘器的总体装配设计训练，掌握装配图 BOM 表的设计操作规则。

实训内容

完成除尘器总体装配，生成总装工程图及其 BOM 表。

实训要求

（1）注意总结装配设计技巧，灵活运用设计手段。

（2）学习并掌握装配工程图中 BOM 表的创建规则和操作技巧。

步骤及方法

（1）创建总装文件 TLCCQ-00. ASM。

（2）装配所有零部件，如图 7-1 所示。

（3）创建总装体工程图，生成 BOM 表，如图 7-2 所示。

创建 BOM 表的操作提示：

1）绘制明细表，共 2 行 n 列。在下面一行输入明细表各列标题名称，如图 7-3 所示的"序号"、"图号或代号"、"名称"、"材料"、"数量"、"备注"。

2）创建重复制区域。单击【表】→【重复区域】→【添加】→在【区域类型】中选择【简单的】→在明细表的上面一行单击左右两端的单元格，如图 7-4 所示→【确定】→【完成】。

3）定义报表参数和用户自定义参数。定义"序号"上面的单元格报表参数为 rpt. index。方法是：双击该单元格，在如图 7-5 所示的【报告符号】对话框中单击【rpt】→【qty】，结果如图 7-6 所示。

同理，定义"图号或代号"对应的单元格报表参数为 asm. mbr. name；"数量"对应的单元格报表参数为 rpt. qty。

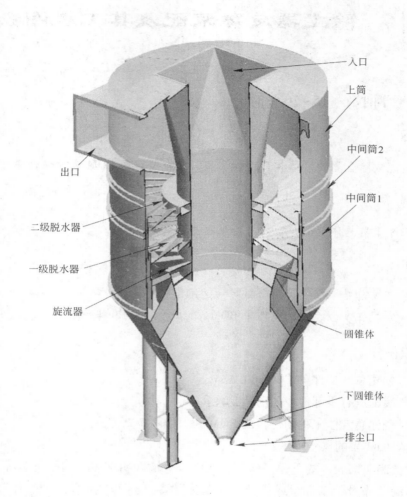

入口

上筒

中间筒 2

中间筒 1

出口

二级脱水器

一级脱水器

旋流器

圆锥体

下圆锥体

排尘口

图 7-1　除尘器轴测剖视图

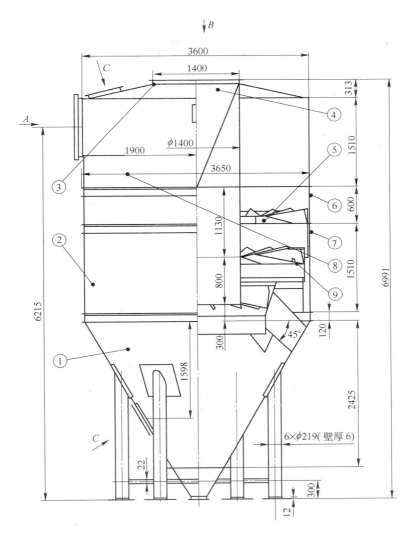

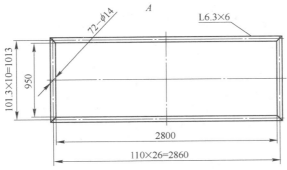

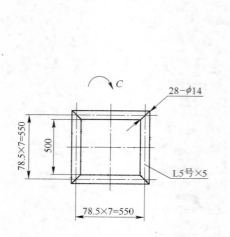

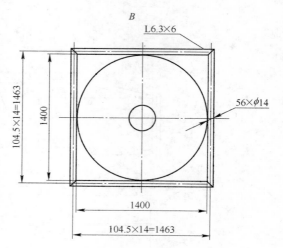

9	TLCCQ-00-YJTS	一级脱水装置	Q235	1	焊接结构
8	TLCCQ-00-ST	上　筒		1	焊接结构
7	TLCCQ-00-ZJT01	中间筒1		1	焊接结构
6	TLCCQ-00-ZJT02	中间筒2		1	焊接结构
5	TLCCQ-00-RJLS	二级脱水装置	Q235	1	焊接结构
4	TLCCQ-00-RK-TFDY	入口圆筒	Q235	1	厚4mm
3	TLCCQ-00-RK-JT	入口边缘	35	4	角铁
2	TLCCQ-00-XLZZ	旋流装置	Q235	1	焊接结构
1	TLCCQ-00-JCZZ	集尘装置		1	焊接结构
序号	图号或代号	名　称	材料	数量	备注

除 尘 装 置		重量		（图号）
		比例	1:20	
设计	（签名）	（签名日期）		
制图	（签名）	（签名日期）	（××××学院）	
审核	（签名）	（签名日期）		

图 7-2　除尘器总装图

序号	图号或代号	名　称	材料	数量	备注

图 7-3　明细表

图 7-4　定义"重复区域"

图 7-5　用【报告符号】对话框定义系统的报表参数

asm.mbr.index					
序号	图号或代号	名　称	材料	数量	备注

图 7-6　定义完成后的"序号"对应单元格的参数

其余三个单元"名称"、"材料"、"备注"的报表参数在【报告符号】对话框中不能完整地选择，还需要先在各零部件文件（7 个子装配文件了两个元件文

件）中定义参数。例如，打开总装文件中的 TLCCQ-00-XLZZ，单击菜单【工具】
→【参数】→✛→输入"NM"→将"类型"改为"字符串"→输入值"旋流装
置"，再重复单击✛，输入相应的参数，如图 7-7 所示。图中自定义了三个参数，
分别为名称（参数代号用"NM"）、材料（参数代号用"CMAT"）、备注（参
数代号用"BZ"）。

图 7-7　用【参数】对话框定义零部件的自定义参数

所有零部件的自定义参数设置完成后，回到工程图文件中继续定义报表
参数。

双击名称对应单元格，按图 7-8 所示的步骤操作后，在出现的文本框中输入
"NM"→✔，完成一个自定义单元格的报表参数创建。"材料"、"备注"对应
的单元格参数，也按此法创建。

4）单击【表】→【重复区域】→【属性】→选取重复区域，弹出如图 7-9
所示的【域表】菜单，选择【无多重记录】→【完成/返回】，工程图中的 BOM
表更新如图 7-2 所示。

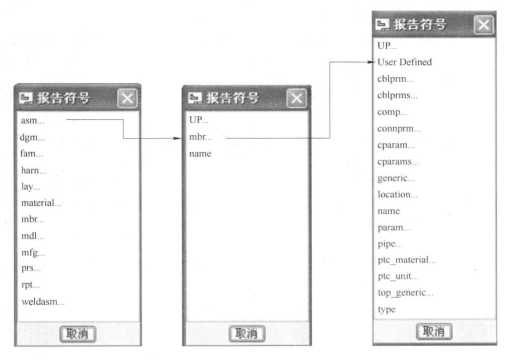

图 7-8　定义用户自定义报表参数的操作程序

图 7-9　【域表】菜单

　　根据需要，修改各列的字号大小、单元格宽度等属性。

　　5）创建球标。单击菜单【表】→【BOM 球标】→选取重复区域→在出现的【BOM 球标】菜单中选择【创建球标】→【根据视图】→选择主视图，即在视图上出现所创建的球标，如图 7-2 所示。

　　6）整理球标。

　　①单击菜单【文件】→【属性】→【绘图选项】→输入选项"max_balloon_radius"，修改其值为"6"→回车→输入选项"min_balloon_radius"，修改其值为"5"→回车→【应用】→【关闭】→【完成/返回】。球标变小了。

　　②框选所有球标，单击右键，从快捷菜单中选取【整理 BOM 球标】，在出现的【整理 BOM 球标】对话框的"偏离视图轮廓"的文件框里输入"12"→【确定】，球标整理完成。

　　7）标注有关尺寸，如图 7-2 所示。

　　8）生成三个向视图，如图 7-2 所示。

附　　录

附录1　除尘器零部件图

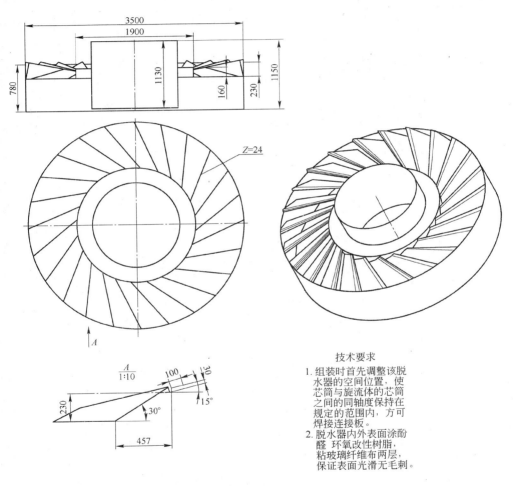

技术要求

1. 组装时首先调整该脱水器的空间位置，使芯筒与旋流体的芯筒之间的同轴度保持在规定的范围内，方可焊接连接板。
2. 脱水器内外表面涂酚醛 环氧改性树脂，粘玻璃纤维布两层，保证表面光滑无毛刺。

附图 1-1　二级脱水装置

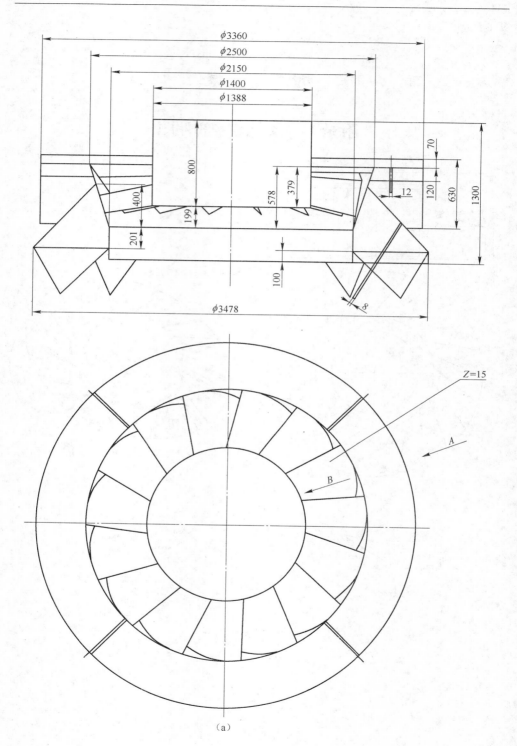

（a）

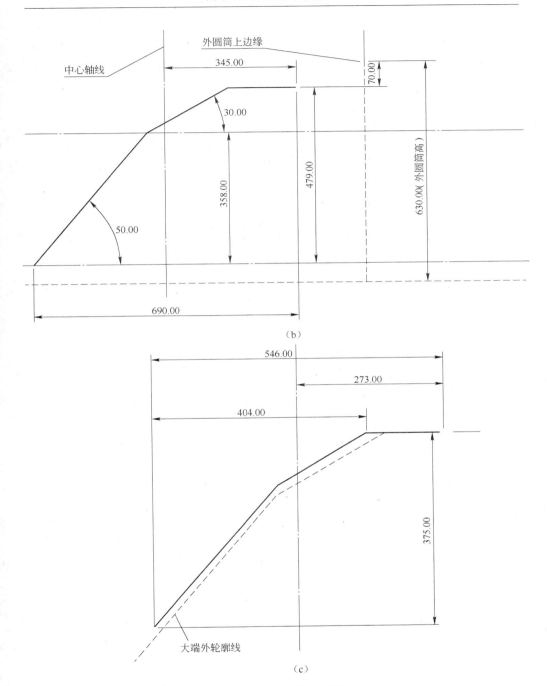

附图 1-2 旋流体工程图

（a）旋流体主、俯视图；（b）旋流体叶片大端外轮廓定位（A 向视图）；

（c）旋流体叶片小端外轮廓定位（B 向视图）

附图 1-3　旋流体装配模型

附录 2　工程图中部分选项说明

附表 2-1　环境变量表

选　　项	默认值	修改值	说　　明
axis_line_offset	0.1000	3	设置直轴线延伸出其相关特征的缺省距离
circle_axis_offset	0.1000	3	设置圆周十字叉丝轴延伸超出圆边的缺省距离
crossec_arrow_length	0.187500	尺寸高	剖切符号箭头长度
crossec_arrow_width	0.062500	≤尺寸半高	剖切符号箭头宽度
crossec_arrow_sstyle	Head_online	Tail_online	剖切箭头哪一端触到剖面线
def_xhatch_break_around_text	No	Yes	决定剖面/剖面线是否围绕文本分开；同时，它还影响对话框中的缺省设置
dim_leader_length	0.500000	≥尺寸高×2	当导引箭头在尺寸界线外时，设置尺寸导引线的长度
draw_arrow_style	closed	filled	箭头的样式
draw_arrow_length	0.187500	取尺寸高	箭头的长度
draw_arrow_width	0.062500	≤尺寸高/2	箭头的宽度
drawing_units	inch	mm	绘图参数的单位
projection_type	third_angle	first_angle	确定创建投影视图的方法
remove_cosms_from_xsecs	Total	All	控制剖视中基准曲线、螺纹、修饰特征图元和修饰剖面线
Show_total_unfold_seam	Yes	No	确定全部展开横截面视图中的接缝（切割平面的边）是否显示
thread_standard	std_ansi	std_iso	螺纹横截面显示设置
text_orientation	horizontal	parallel_diam_horiz	控制尺寸文件的方向（详见"属性"设置）
witness_line_offset	0.062500	0	设置尺寸线与尺寸对象间距
witness_line_delta	0.125000	1.5~2	尺寸界线超出尺寸线的长度

附表 2-2　工程图中与焊接有关的选项参数

选　　项	值	说　　明
weld_symbol_standard	std_ansi*/std_iso	按 ANSI 标准或 ISO 标准， 在绘图中显示焊接符号
weld_light_xsec	no*/yes	确定是否显示轻重量焊接 x 截面
show_sym_of_suppressed_weld	no*/yes	确定是否显示隐含焊缝的符号
weld_solid_xsec	no*/yes	确定横截面中的焊缝是否显示成实体区域

注：带 * 的为系统默认值。

冶金工业出版社部分图书推荐

书　　名	作　者	定价(元)
Pro/Engineer Wildfire 4.0 （中文版）钣金设计与焊接设计教程（高职高专教材）	王新江	40.00
机械制图（高职高专教材）	阎　霞	30.00
机械制图习题集（高职高专教材）	阎　霞	29.00
机械设备维修基础（高职高专教材）	闫嘉琪	28.00
采掘机械（高职高专教材）	苑忠国	38.00
金属热处理生产技术（高职高专教材）	张文莉	35.00
机械工程控制基础（高职高专教材）	刘玉山	23.00
数控技术及应用（高职高专教材）	胡运林	32.00
机械制造工艺与实施（高职高专教材）	胡运林	39.00
矿山提升与运输（高职高专教材）	陈国山	39.00
工程力学（高职高专教材）	战忠秋	28.00
工程材料及热处理（高职高专教材）	孙　刚	29.00
轧钢机械设备维护（高职高专教材）	袁建路	28.00
型钢轧制（高职高专教材）	陈　涛	25.00
冷轧带钢生产与实训（高职高专教材）	李秀敏	30.00
参数检测与自动控制（职业技术学院教材）	李登超	39.00
轧钢工理论培训教材（行业培训教材）	任蜀焱	49.00
机械设计基础（高等学校教材）	王健民	40.00
起重运输机械（高等学校教材）	纪　宏	35.00
控制工程基础（高等学校教材）	王晓梅	24.00
自动检测和过程控制（第4版）（本科国规教材）	刘玉长	50.00
机械优化设计方法（第4版）（本科教材）	陈立周	42.00
机械电子工程实验教程（本科教材）	宋伟刚	29.00
金属压力加工原理及工艺实验教程（本科教材）	魏立群	28.00
金属材料工程实习实训教程（本科教材）	范培耕	33.00
机械工程材料（本科教材）	王廷和	22.00
材料科学基础（本科教材）	王亚男	33.00
机械设计基础（本科教材）	侯长来	42.00
机械设计基础课程设计（本科教材）	侯长来	30.00
轧钢厂设计原理（本科教材）	阳　辉	46.00
Auto CAD 2010 基础教程	孔繁臣	27.00